常用危险化学品应急速查手册

（第三版）

Emergency Response Pocket Manual
for Highly Hazardous Chemicals

主　编　孙万付

副主编　郭秀云　翟良云

中国石化出版社

内 容 提 要

本手册在第二版的基础上进行了修订和补充，增加了每种化学品的 CAS 号、结构式和危险货物分类；根据《危险化学品目录(2015 版)实施指南(试行)》修改了条目"危险性类别"，补充了该化学品的象形图和警示词等标签要素；根据国内外法规目录的修订情况，更新了手册中剧毒化学品和危险化学品致癌性的相关内容。

本手册收录了氯、硫化氢、丙烯腈、氨等 100 余种常用危险化学品，重点介绍了每种化学品的燃爆、急性中毒、环境危害等危险性以及泄漏处置、火灾扑救、现场急救等应急救援措施，并对需要注意的事项给予了特别警示。手册简明、扼要、方便查阅。

本手册可为化学品事故应急救援指挥和现场处置人员采取快速有效措施提供重要参考，也可为从事危险化学品相关工作的人员提供一本方便使用的工具书。

图书在版编目(CIP)数据

常用危险化学品应急速查手册 / 孙万付主编. —3 版.
—北京：中国石化出版社，2018.4(2023.2 重印)
ISBN 978-7-5114-4807-1

Ⅰ.①常… Ⅱ.①孙… Ⅲ.①化工产品-危险材料-紧急事件-处理-手册 Ⅳ.TQ086.5-62

中国版本图书馆 CIP 数据核字(2018)第 035910 号

中国石化出版社出版发行

地址：北京市东城区安定门外大街 58 号
邮编：100011 电话：(010)57512500
发行部电话：(010)57512575
http://www.sinopec-press.com
E-mail：press@sinopec.com
北京富泰印刷有限责任公司印刷
全国各地新华书店经销

*

787×1092 毫米 32 开本 15.25 印张 303 千字
2018 年 5 月第 3 版 2023 年 2 月第 3 次印刷
定价：48.00 元

《常用危险化学品应急速查手册（第三版）》编委会

前　言

我国是危险化学品生产、使用、进出口和消费大国，危险化学品在对国民经济和人民日常生活发挥着重要作用的同时，因其固有的易燃易爆、有毒、腐蚀等危险性，在生产、经营、储存、运输、使用和废弃过程中，如管理和防护不当，很容易发生事故，造成人员伤亡、财产损失和环境污染，甚至造成恶劣的社会影响。危险化学品事故具有突发性、复杂性、后果严重和救援难度大的特点，在事故的应急救援过程中，救援人员迅速了解和掌握危险化学品的危险特征，及时、正确地采取应急处置措施，对于防止事故的进一步扩大，减轻事故后果至关重要。

近年来，国家有关危险化学品安全管理法规和标准体系进一步完善，《危险化学品安全综合治理方案》（国办发〔2016〕88 号）要求"加强危险化学品应急救援工作"。中国共产党的十九大报告中明确要求"坚决遏制重特大安全事故，提升防灾减灾救灾能力"。第十三届全国人民代表大会第一次

会议通过了国务院机构改革方案，国家成立应急管理部，进一步加强应急管理工作。

为适应国家对应急管理的最新要求，为危险化学品事故应急指挥和现场应急处置人员提供实用、快速、有效的应急救援指南，化学品登记中心在总结分析各类危险化学品常见事故，收集研究国内外相关技术资料的基础上，结合多年来危险化学品事故应急救援咨询服务和应急处置技术研究的经验，以及读者对《常用危险化学品应急速查手册》(第二版)的反馈意见和建议，组织有关专业人员对手册进行了全面修订和完善，编写了《常用危险化学品应急速查手册》(第三版)。

本次修订增加了化学品的 CAS 号、结构式和危险货物分类。根据《危险化学品目录(2015 版)实施指南(试行)》修改了条目"危险性类别"，补充了该化学品的象形图和警示词等标签要素。根据国内外法规目录及相关标准的最新修订情况和技术发展，对手册中剧毒化学品和致癌物的相关内容及职业接触限制、燃烧爆炸危险性和立即危及生命或健康的浓度(IDLH)等内容进行了修改，使手册实用性更强。

《常用危险化学品应急速查手册》(第三版)的

出版发行，对于危险化学品安全管理人员掌握危险化学品知识，提高应急救援人员的现场应急处置能力具有重要的指导作用。新时代要有新作为，相信在全社会各方面的大力支持和帮助下，危险化学品事故预防和应急救援工作将不断取得新的进步！

限于编者的水平，手册仍可能存在一些不足之处，敬请读者继续给予批评和指正。

编写说明

　　根据危险化学品事故现场救援必须了解和掌握的知识，手册设立了中文名、别名、特别警示、危险性、理化特性及用途、个体防护、应急行动等项目。项目设立情况及其说明如下：

　　【中文名】化学品的常用中文名称。

　　【别　名】化学品的其他中文名称。包括俗名、商品名、学名等。

　　【CAS 号】CAS 是 Chemical Abstract Service 的缩写。CAS 号是美国化学文摘社对化学物质登录的检索服务号。该号是检索化学物质有关信息资料最常用的编号。

　　【特别警示】主要描述应急救援过程中应急指挥和处置人员应特别注意的问题：如化学品的重要危害信息，应急处置时需特别注意的事项等。

　　【化学式】包括化学品的分子式和结构式。

　　【结构式】用元素符号相互连接，表示出化合物分子中原子排列和结合方式的式子。

　　【危险性】

　　危险性类别：按照《全球化学品统一分类和标

签制度》(以下简称 GHS),根据化学品固有危险特性划分的类别、《化学品分类和危险性公示通则》(GB 13690—2009)和《化学品分类和标签规范》(GB 30000.2~30000.29—2013)系列标准中化学品危害性的分类程序,采用了《危险化学品目录(2015 版)实施指南(试行)》中的危险性类别。

危险货物分类:联合国危险货物编号(UN号):提供联合国《关于危险货物运输的建议书规章范本》(以下简称《规章范本》)中的危险货物编号(即物质或混合物的 4 位数字识别号码)。见《危险货物品名表》(GB 12268—2012)(以下简称GB 12268)。

联合国运输名称:提供《规章范本》中的危险货物运输名称。见 GB 12268。

联合国危险性类别:提供《规章范本》中根据物质或混合物的最主要危险性划定的物质或混合物的运输危险类别(和次要危险性)。见GB 12268。

包装类别:提供根据危险性大小确定的包装级别。见 GB 12268。

包装标志:是指标示危险货物危险性的图形标志,见危险货物包装标志(GB 190—2009)。

燃烧爆炸危险性:描述化学品本身固有的,或遇明火、高热、震动、摩擦、撞击以及接触空气和水时所表现出的燃烧爆炸特性。

健康危害：描述危险化学品对人体的危害，主要是急性中毒的表现。职业接触限值采用国家标准《工作场所有害因素职业接触限值》（GBZ 2.1—2007）。分为最高容许浓度（MAC），时间加权平均容许浓度（PC-TWA），短时间接触容许浓度（PC-STEL）。标有"（皮）"的物质，表示该物质可通过完整的皮肤吸收引起全身效应。标有"（敏）"的物质，表示该物质可能有致敏作用。致癌性标识按国际癌症组织（IARC）的分级：（G1）表示"确认人类致癌物"，（G2A）表示"可能人类致癌物"，（G2B）表示"可疑人类致癌物"。立即危及生命或健康的浓度（immediately dangerous to life and health，IDLH），指空气中可以立即威胁生命，或者引起不可逆或迟发性的健康损害，或者妨碍劳动者从危险环境中逃生能力的任何有毒、腐蚀或窒息性物质的浓度。具有爆炸性物质的 IDLH 值是依据其爆炸下限（lower explosive limit，LEL）的10%制定的。急性毒性用半数致死量（LD_{50}）和半数致死浓度（LC_{50}）指标表示。

环境影响：主要描述了物质对生态环境的危害，尤其是对水生生物的危害，以及物质在土壤中的迁移性，在生物中的富集性和生物降解性。另外，对于少数能对臭氧层造成潜在影响的物质，还指出了其臭氧消耗系数（ODP）。

【理化特性及用途】

理化特性：简述常温常压下物质的颜色、存在状态、水溶性等。根据化学品常温下的状态，选取与危险性密切相关的参数：气体选取相对密度(相对于空气)、爆炸极限；液体选取沸点、相对密度、蒸气相对密度、闪点、爆炸极限；固体选取熔点、相对密度(相对于水)。

用途：介绍物质的主要用途。

【个体防护】介绍应急处置过程中应急作业人自应采取的防护措施。

根据事故引发物质的毒性、腐蚀性等危害程度的大小，个人防护一般分三级，防护标准如下表所示。

级别	形式	防化服	防护服	防护面具
一级	全身	内置式重型防化服	全棉防静电内外衣	正压式空气呼吸器或全防型滤毒罐
二级	全身	封闭式防化服	全棉防静电内外衣	正压式空气呼吸器或全防型滤毒罐
三级	呼吸	简易防化服	战斗服	简易滤毒罐、面罩或口罩、毛巾等防护器材

选择全防型滤毒罐、简易滤毒罐或口罩等防护用品时，应注意：

(1) 空气中的氧气浓度不低于18%；

(2) 不能用于槽、罐等密闭容器环境。

【应急行动】

隔离与公共安全：事故发生后为了保护公众生命、财产安全，应采取的措施。为了保护公众免受伤害，给出在事故源周围以及下风向需要控制的距离和区域。

初始隔离区是指发生事故时公众生命可能受到威胁的区域，是以泄漏源为中心的一个圆周区域。圆周的半径即为初始隔离距离。该区只允许少数消防特勤官兵和抢险队伍进入。手册中给出的初始隔离距离适用于泄漏后最初 30min 内或污染范围不明的情况。

疏散区是指下风向有害气体、蒸气、烟雾或粉尘可能影响的区域，是泄漏源下风方向的正方形区域。正方形的边长即为下风向疏散距离。该区域内如果不进行防护，则可能使人致残或产生严重的或不可逆的健康危害，应疏散公众，禁止未防护人员进入或停留。如果就地保护比疏散更安全，可考虑采取就地保护措施。

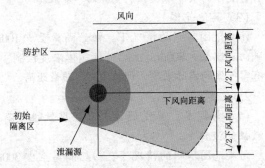

手册中给出的初始隔离距离、下风向疏散距

离适用于泄漏后最初 30min 内或污染范围不明的情况，参考者应根据事故的具体情况如泄漏量、气象条件、地理位置等做出适当的调整。

初始隔离距离和下风向疏散距离主要依据化学品的吸入毒性危害确定。化学品的吸入毒性危害越大，其初始隔离距离和下风向疏散距离越大。影响吸入毒性危害大小的因素有化学品的状态、挥发性、毒性、腐蚀性、刺激性、遇水反应性(液体或固体泄漏到水体)等。确定原则为:

(一) 陆地泄漏

1. 气体

(1) 剧毒或强腐蚀性或强刺激性的气体

污染范围不明的情况下，初始隔离至少 500m，下风向疏散至少 1500m。然后进行气体浓度检测，根据有害气体的实际浓度，调整隔离、疏散距离。

(2) 有毒或具腐蚀性或具刺激性的气体

污染范围不明的情况下，初始隔离至少 200m，下风向疏散至少 1000m。然后进行气体浓度检测，根据有害气体的实际浓度，调整隔离、疏散距离。

(3) 其他气体

污染范围不明的情况下，初始隔离至少 100m，下风向疏散至少 800m。然后进行气体浓度检测，根据有害气体的实际浓度，调整隔离、疏散距离。

2. 液体

(1) 易挥发，蒸气剧毒或有强腐蚀性或有强刺激性的液体

污染范围不明的情况下，初始隔离至少 300m，下风向疏散至少 1000m。然后进行气体浓度检测，根

据有害蒸气或烟雾的实际浓度，调整隔离、疏散距离。

（2）蒸气有毒或有腐蚀性或有刺激性的液体

污染范围不明的情况下，初始隔离至少 100m，下风向疏散至少 500m。然后进行气体浓度检测，根据有害蒸气或烟雾的实际浓度，调整隔离、疏散距离。

（3）其他液体

污染范围不明的情况下，初始隔离至少 50m，下风向疏散至少 300m。然后进行气体浓度检测，根据有害蒸气或烟雾的实际浓度，调整隔离、疏散距离。

3. 固体

污染范围不明的情况下，初始隔离至少 25m，下风向疏散至少 100m。

（二）水体泄漏

遇水反应生成有毒气体的液体、固体泄漏到水中，根据反应的剧烈程度以及生成气体的毒性、腐蚀性、刺激性确定初始隔离距离、下风向疏散距离。

1. 与水剧烈反应，放出剧毒、强腐蚀性、强刺激性气体

污染范围不明的情况下，初始隔离至少 300m，下风向疏散至少 1000m。然后进行气体浓度检测，根据有害气体的实际浓度，调整隔离、疏散距离。

2. 与水缓慢反应，放出有毒、腐蚀性、刺激性气体

污染范围不明的情况下，初始隔离至少 100m，下风向疏散至少 800m。然后进行气体浓度检测，根

据有害气体的实际浓度，调整隔离、疏散距离。

火灾事故的隔离距离取自《2016 Emergency Response Guidebook》(简称 2016 ERG)。2016 ERG 是由加拿大运输部、美国运输部和墨西哥交通运输秘书处共同出版的，主要针对化学品运输事故。如果储罐、生产(使用)装置发生化学品事故，手册中给出的距离只能作为参考，要根据实际情况考虑增大隔离距离。

泄漏处理：指化学品泄漏后现场应采取的应急措施，主要从点火源控制、泄漏源控制、泄漏物处理、注意事项等几个方面进行描述。手册推荐的应急措施是根据化学品的固有危险性给出的，使用者应根据泄漏事故发生的场所、泄漏量的大小、周围环境等现场条件，选用适当的措施。

火灾扑救：主要介绍发生化学品火灾后可选用的灭火剂、禁止使用的灭火剂以及灭火过程中的注意事项。

急救：指人员意外受到化学品伤害后需采取的急救措施，着重现场急救。解毒剂的使用方法、使用剂量，须遵医嘱。

ppm 为非法定计量单位，但为了便于读者使用本手册予以保留。

本手册仅供危险化学品事故现场应急救援人员参考，有异议之处，请咨询有关专家。

目　录

拼音索引

CAS 号索引

1. 氨

别 名：液氨；氨气　CAS 号：7664-41-7

特别警示	★ 与空气能形成爆炸性混合物 ★ 吸入可引起中毒性肺水肿。可致眼、皮肤和呼吸道灼伤 ★ 若不能切断泄漏气源，则不允许熄灭泄漏处的火焰 ★ 处理液氨时，应穿防寒服
化学式	分子式 NH_3　结构式 $H-N(-H)-H$ 结构图
危险性	危险性类别 • 易燃气体，类别 2 • 加压气体 • 急性毒性–吸入，类别 3 * • 皮肤腐蚀/刺激，类别 1B • 严重眼损伤/眼刺激，类别 1 • 危害水生环境–急性危害，类别 1 • 象形图： • 警示词：危险

危 险 性

危险货物分类

- 联合国危险货物编号（UN 号）：1005
- 联合国运输名称：无水氨
- 联合国危险性类别：2.3，8
- 包装类别：
- 包装标志：

燃烧爆炸危险性

- 易燃，能与空气形成爆炸性混合物
- 包装容器受热可发生爆炸

健康危害

- 职业接触限值：$PC-TWA$ 20mg/m^3；$PC-STEL$ 30mg/m^3
- $IDLH$：300ppm
- 急性毒性：大鼠吸入 LC_{50}　1390mg/m^3
- 强烈的刺激性气体，对眼和呼吸道有强烈刺激和腐蚀作用
- 急性氨中毒引起眼和呼吸道刺激症状，支气管炎或支气管周围炎，肺炎，重度中毒者可发生中毒性肺水肿。可因喉头水肿和呼吸道黏膜坏死脱落引起窒息。高浓度氨可引起反射性呼吸和心搏停止
- 可致眼和皮肤灼伤

危险性	**环境影响** ● 溶于水后使 pH 值急剧上升,对水生生物产生极强的毒性作用;对水禽也有很强的毒性作用 ● 能对植物造成伤害,产生枝叶干枯、烧焦的症状,严重时导致植物死亡 ● 在水中,有氧状态下,易通过硝化作用转变为硝酸盐。易被泥土、沉积物、胶体吸附,在特定条件下会重新释放出氨气
理化特性及用途	**理化特性** ● 常温常压下为无色气体,有强烈的刺激性气味。20℃、891kPa 下即可液化,并放出大量的热。液氨在温度变化时,体积变化的系数很大。极易溶于水。与酸发生放热中和反应。腐蚀钢、铜、黄铜、铝、锡、锌及其合金 ● 沸点:-33.5℃ ● 气体相对密度:0.59 ● 爆炸极限:15%~30.2% **用途** 　主要用于生产化肥、硝酸、铵盐、胺类。也用于药物、染料的生产。也常用作致冷剂
个体防护	● 佩戴正压式空气呼吸器 ● 穿内置式重型防化服 ● 处理液氨时,应穿防寒服

应急行动

隔离与公共安全

　　泄漏：污染范围不明的情况下，初始隔离至少200m，下风向疏散至少1000m。然后进行气体浓度检测，根据有害气体的实际浓度，调整隔离、疏散距离

　　火灾：火场内如有储罐、槽车或罐车，隔离1600m。考虑撤离隔离区内的人员、物资

- 疏散无关人员并划定警戒区
- 在上风、上坡或上游处停留
- 进入密闭空间之前必须先通风

泄漏处理

- 消除所有点火源(泄漏区附近禁止吸烟，消除所有明火、火花或火焰)
- 使用防爆的通信工具
- 在确保安全的情况下，采用关阀、堵漏等措施，以切断泄漏源
- 作业时所有设备应接地
- 防止气体通过通风系统扩散或进入有限空间
- 喷雾状水溶解、稀释漏出气
- 如果钢瓶发生泄漏，无法关闭时可浸入水中
- 高浓度泄漏区，喷稀盐酸吸收
- 隔离泄漏区直至气体散尽

应急行动	**火灾扑救** 灭火剂：干粉、二氧化碳、雾状水、抗溶性泡沫 ● 在确保安全的前提下，将容器移离火场 ● 禁止将水注入容器 ● 毁损钢瓶由专业人员处置 **储罐火灾** ● 尽可能远距离灭火或使用遥控水枪或水炮扑救 ● 用大量水冷却容器，直至火灾扑灭 ● 禁止向泄漏处和安全装置喷水，防止结冰 ● 容器突然发出异常声音或发生异常现象，立即撤离 ● 切勿在储罐两端停留 **急救** ● 皮肤接触：立即脱去污染的衣着，应用 2% 硼酸液或大量清水彻底冲洗。就医 ● 眼睛接触：立即提起眼睑，用大量流动清水或生理盐水彻底冲洗 10~15min。就医 ● 吸入：迅速脱离现场至空气新鲜处。保持呼吸道畅通。如呼吸困难，给输氧。呼吸、心跳停止，立即进行心肺复苏术。就医

2. 白磷

别　名：黄磷　CAS 号：**12185-10-3**

特别警示	★ 皮肤接触可致灼伤并引起中毒，重者死亡 ★ 空气中易自燃 ★ 不得用高压水流驱散泄漏物料
化学式	分子式　P_4　结构式
危险性	危险性类别 　自燃固体，类别 1 　急性毒性-经口，类别 2* 　急性毒性-吸入，类别 2* 　皮肤腐蚀/刺激，类别 1A 　严重眼损伤/眼刺激，类别 1 　危害水生环境-急性危害，类别 1 象形图： 警示词：危险

危 险 性	**危险货物分类** 　联合国危险货物编号(UN 号)：1381 　联合国运输名称：白磷或黄磷，干的，或浸在水中或溶液中 　联合国危险性类别：4.2, 6.1 　包装类别：I 　包装标志：
	燃烧爆炸危险性 　● 易燃，处于潮湿空气时，30℃即会自燃，释放出酸性烟雾
	健康危害 　● 职业接触限值：$PC-TWA$ 0.05mg/m³；$PC-STEL$ 0.1mg/m³ 　● $IDLH$：5mg/m³ 　● 急性毒性：大鼠经口 LD_{50}　3.30mg/kg 　● 本品可致皮肤灼伤，磷经灼伤皮肤吸收引起中毒，重者发生肝肾损害、急性溶血等。口服灼伤消化道，出现肝肾损害 　● 急性吸入本品蒸气中毒表现有：呼吸道刺激症状、头痛、头晕、无力、呕吐、上腹疼痛、黄疸、肝肿大。重症出现急性肝坏死、肺水肿等 　● 慢性中毒可引起中毒性肝病和骨骼损害
	环境影响 　● 对水生生物有极强的毒性作用

理化特性及用途	理化特性 • 无色至黄色蜡状固体，有蒜臭味，在暗处发淡绿色磷光。不溶于水。与硝酸、氧气等氧化剂剧烈反应 • 熔点：44.1℃ • 相对密度：1.88
	用途 • 用于制磷酸、磷青铜合金、三氯化磷和有机磷农药。军事上，用于制燃烧弹
个体防护	• 佩戴全防型滤毒罐 • 穿特殊镀铝防化服
应急行动	隔离与公共安全 　泄漏：污染范围不明的情况下，初始隔离至少50m，下风向疏散至少300m 　火灾：火场内如有储罐、槽车或罐车，隔离800m。考虑撤离隔离区内的人员、物资 • 疏散无关人员并划定警戒区 • 在上风、上坡或上游处停留
	泄漏处理 • 消除所有点火源(泄漏区附近禁止吸烟，消除所有明火、火花或火焰) • 未穿全身防护服时，禁止触及毁损容器或泄漏物 • 禁止接触或跨越泄漏物

应急行动	• 在确保安全的情况下，采用关阀、堵漏等措施，以切断泄漏源 • 防止泄漏物进入水体、下水道、地下室或有限空间 • 小量泄漏，用水、砂或土覆盖，铲入金属容器并用水密封 • 大量泄漏，筑堤堵截并用湿的砂土覆盖 **火灾扑救** 灭火剂：水、雾状水、湿砂、湿土 • 不得用高压水流驱散泄漏物料 • 在确保安全的前提下，将容器移离火场 • 用大量水冷却容器，直至火灾扑灭 **急救** • 皮肤接触：脱去污染的衣着，立即用大量流水冲洗。继之涂抹 2%~3% 硝酸银灭磷火。也可用 1% 硫酸铜溶液冲洗。就医。禁用油性敷料 • 眼睛接触：立即提起眼睑，用大量流动清水或生理盐水彻底冲洗 10~15min。就医 • 吸入：迅速脱离现场至空气新鲜处。保持呼吸道通畅。如呼吸困难，给输氧。呼吸、心跳停止，立即进行心肺复苏术。就医 • 食入：立即用手指探咽部催吐。继用 2% 硫酸铜洗胃，或用 1:5000 高锰酸钾洗胃，硫酸钠导泻。洗胃及导泻应谨慎，防止胃肠穿孔或出血。就医

3. 苯

CAS 号: **71-43-2**

特别警示	★ 确认人类致癌物 ★ 易燃，其蒸气与空气混合，能形成爆炸性混合物 ★ 注意：闪点很低，用水灭火无效 ★ 不得使用直流水扑救
化学式	分子式 C_6H_6 结构式
危险性	**危险性类别** • 易燃液体，类别 2 • 皮肤腐蚀/刺激，类别 2 • 严重眼损伤-眼刺激，类别 2 • 生殖细胞致突变性，类别 1B • 致癌性，类别 1A • 特异性靶器官毒性-反复接触，类别 1 • 吸入危害，类别 1 • 危害水生环境-急性危害，类别 2 • 危害水生环境-长期危害，类别 3 • 象形图：  • 警示词：危险

危
险
性

危险货物分类

　　联合国危险货物编号（UN 号）：1114

　　联合国运输名称：苯

　　联合国危险性类别：3

　　包装类别：Ⅱ

　　包装标志：

燃烧爆炸危险性

　　● 易燃，蒸气可与空气形成爆炸性混合物，遇明火、高热能引起燃烧爆炸

　　● 蒸气比空气重，能在较低处扩散到相当远的地方，遇火源会着火回燃

　　● 若遇高热，容器内压增大，有开裂或爆炸的危险

健康危害

　　● 职业接触限值：$PC-TWA$ 6mg/m^3（皮）（G1）；$PC-STEL$ 10mg/m^3（皮）（G1）

　　● $IDLH$：500ppm

　　● 急性毒性：大鼠经口 LD_{50}：1800mg/kg；兔经皮 LD_{50}：8272mg/kg；大鼠吸入 LC_{50}：31900mg/m^3（7h）

　　● 吸入高浓度苯蒸气对中枢神经系统有麻醉作用，出现头痛、头晕、恶心、呕吐、神志恍惚、嗜睡等。重者意识丧失、抽搐，甚至死亡

　　● 长期接触苯对造血系统有损害，引起白细胞和血小板减少，重者导致再生障碍性贫血

　　● 本品可引起白血病。具有生殖毒性

危险性	环境影响
	• 在很低的浓度下就能对水生生物造成危害，特别是能在鱼的肝脏和肌肉中富集，但一旦脱离污染水体，鱼体内污染物能很快地排泄出
	• 具有很强的挥发性，易造成空气污染
	• 在土壤中具有很强的迁移性
	• 在无氧状态下，很难被生物降解。在有氧状态下降解半衰期为 6~20 天
理化特性及用途	理化特性
	• 无色透明非极性液体，有强烈芳香味。微溶于水。与硝酸、浓硫酸、高锰酸钾等氧化剂反应
	• 熔点：5.5℃
	• 沸点：80.1℃
	• 相对密度：0.88
	• 闪点：−11℃
	• 爆炸极限：1.2%~8.0%
	用途
	• 主要用于制造苯的衍生物。是生产合成树脂、合成橡胶、合成纤维、染料、洗涤剂、医药、农药和特种溶剂的重要原料。也用作溶剂和燃料掺合剂
个体防护	• 佩戴全防型滤毒罐
	• 穿封闭式防化服

应急行动	**隔离与公共安全** 　泄漏：污染范围不明的情况下，初始隔离至少50m，下风向疏散至少300m。然后进行气体浓度检测，根据有害蒸气的实际浓度，调整隔离、疏散距离 　火灾：火场内如有储罐、槽车或罐车，隔离800m。考虑撤离隔离区内的人员、物资 　● 疏散无关人员并划定警戒区 　● 在上风、上坡或上游处停留，切勿进入低洼处 　● 进入密闭空间之前必须先通风 **泄漏处理** 　● 消除所有点火源(泄漏区附近禁止吸烟，消除所有明火、火花或火焰) 　● 使用防爆的通信工具 　● 在确保安全的情况下，采用关阀、堵漏等措施，以切断泄漏源 　● 喷雾状水稀释挥发的蒸气 　● 作业时所有设备应接地 　● 构筑围堤或挖沟槽收容泄漏物，防止进入水体、下水道、地下室或有限空间 　● 用泡沫覆盖泄漏物，减少挥发 　● 用砂土或其他不燃材料吸收泄漏物 　● 如果储罐发生泄漏，可通过倒罐转移尚未泄漏的液体

应急行动	火灾扑救
	注意：闪点很低，用水灭火无效
	灭火剂：干粉、二氧化碳、泡沫
	● 不得使用直流水扑救
	● 在确保安全的前提下，将容器移离火场
	储罐、公路/铁路槽车火灾
	● 尽可能远距离灭火或使用遥控水枪或水炮扑救
	● 用大量水冷却容器，直至火灾扑灭
	● 容器突然发出异常声音或发生异常现象，立即撤离
	● 切勿在储罐两端停留
	急救
	● 皮肤接触：脱去污染的衣着，用清水彻底冲洗皮肤。就医
	● 眼睛接触：提起眼睑，用流动清水或生理盐水冲洗。就医
	● 吸入：迅速脱离现场至空气新鲜处。保持呼吸道通畅。如呼吸困难，给输氧。呼吸、心跳停止，立即进行心肺复苏术。就医。禁用肾上腺素
	● 食入：饮水，禁止催吐。就医

4. 苯胺

别　名：氨基苯；阿尼林油　　CAS 号：**62-53-3**

特别警示	★ *有毒，易经皮肤吸收* ★ *解毒剂：静脉注射维生素 C 和亚甲蓝*
化学式	分子式 C_6H_7N　结构式　H_2N —⬡
危险性	危险性类别 • 急性毒性-经口，类别 3 ∗ • 急性毒性-经皮，类别 3 ∗ • 急性毒性-吸入，类别 3 ∗ • 严重眼损伤/眼刺激，类别 1 • 皮肤致敏物，类别 1 • 生殖细胞致突变性，类别 2 • 特异性靶器官毒性-反复接触，类别 1 • 危害水生环境-急性危害，类别 1 • 危害水生环境-长期危害，类别 2 • 象形图：⬥⬥⬥⬥ • 警示词：危险

危

险

性

危险货物分类

- 联合国危险货物编号(UN号)：1547
- 联合国运输名称：苯胺
- 联合国危险性类别：6.1
- 包装类别：Ⅱ

- 包装标志：

燃烧爆炸危险性

- 易燃，蒸气可与空气形成爆炸性混合物，遇明火、高热能引起燃烧爆炸
- 燃烧产生有毒的刺激性的氮氧化物气体
- 蒸气比空气重，能在较低处扩散到相当远的地方，遇火源会着火回燃
- 若遇高热，容器内压增大，有开裂或爆炸的危险

健康危害

- 职业接触限值：$PC\text{-}TWA$ 3mg/m^3(皮)
- $IDLH$：100ppm
- 急性毒性：大鼠经口 LD_{50}：250mg/kg；兔经皮 LD_{50}：820mg/kg；小鼠吸入 LC_{50}：665mg/m^3(7h)
- 可经呼吸道和皮肤吸收
- 本品主要引起高铁血红蛋白血症，出现紫绀可引起溶血性贫血和肝、肾损害。可致化学性膀胱炎。眼睛接触引起结膜炎、角膜炎

危险性	**环境影响** ● 对水生生物有很强的毒性作用 ● 在土壤中具有很强的迁移性 ● 易挥发，是有害的空气污染物 ● 在天然水体中，易被生物降解，20天内可被完全降解
理化特性及用途	**理化特性** ● 无色至浅黄色透明液体，有强烈气味。微溶于水。与碱金属或碱土金属反应放出氢气。暴露于空气或光照下易氧化变色。遇酸发生放热中和反应。腐蚀铜或铜合金 ● 熔点：-6.2℃ ● 沸点：184.4℃ ● 相对密度：1.02 ● 闪点：70℃ ● 爆炸极限：1.2%~11.0% **用途** ● 主要用于合成染料、药品、农药、橡胶助剂。也用于制香料、炸药等。还可用作溶剂和用于测定油品的苯胺点
个体防护	● 佩戴全防型滤毒罐 ● 穿封闭式防化服

隔离与公共安全

泄漏：污染范围不明的情况下，初始隔离至少100m，下风向疏散至少500m。然后进行气体浓度检测，根据有害蒸气的实际浓度，调整隔离、疏散距离

火灾：火场内如有储罐、槽车或罐车，隔离800m。考虑撤离隔离区内的人员、物资

- 疏散无关人员并划定警戒区
- 在上风、上坡或上游处停留，切勿进入低洼处
- 密闭空间加强现场通风

应急行动

泄漏处理

- 消除所有点火源(泄漏区附近禁止吸烟，消除所有明火、火花或火焰)
- 未穿全身防护服时，禁止触及毁损容器或泄漏物
- 在确保安全的情况下，采用关阀、堵漏等措施，以切断泄漏源
- 筑堤或挖沟槽收容泄漏物，防止进入水体、下水道、地下室或有限空间
- 用砂土或其他不燃材料吸收泄漏物
- 如果储罐或槽车发生泄漏，可通过倒罐转移尚未泄漏的液体

水体泄漏

- 沿河两岸进行警戒。严禁取水、用水、捕捞等一切活动
- 在下游筑坝拦截污染水，同时在上游开渠引流，让清洁水绕过污染带
- 监测水体中污染物的浓度
- 可用活性炭吸附泄漏于水体的苯胺

火灾扑救

灭火剂：干粉、二氧化碳、雾状水、抗溶性泡沫

- 筑堤收容消防污水以备处理，不得随意排放

储罐、公路/铁路槽车火灾

- 尽可能远距离灭火或使用遥控水枪或水炮扑救
- 用大量水冷却容器，直至火灾扑灭
- 容器突然发出异常声音或发生异常现象，立即撤离
- 切勿在储罐两端停留

应急行动

急救

- 皮肤接触：立即脱去污染的衣着，用清水彻底冲洗皮肤。就医
- 眼睛接触：立即提起眼睑，用大量流动清水或生理盐水彻底冲洗。就医
- 吸入：迅速脱离现场至空气新鲜处。保持呼吸道通畅。如呼吸困难，给输氧。呼吸、心跳停止，立即进行心肺复苏术。就医
- 食入：饮足量温水，催吐。就医
- 解毒剂：静脉注射维生素 C 和亚甲蓝

5. 苯酚

别　名: 石炭酸　CAS 号: **108-95-2**

<table>
<tr>
<td>特别警示</td>
<td>★ 有毒，对皮肤、黏膜有强烈的腐蚀作用
★ 皮肤接触，首先用大量清水冲洗至少 15min，再用浸过 30%~50% 的酒精棉花擦洗创面至无酚味为止，也可用聚乙烯二醇-300(PEG-300) 或聚乙烯乙二醇和甲基化酒精混合液(2∶1)的棉花擦洗</td>
</tr>
<tr>
<td>化学式</td>
<td>分子式 C_6H_6O　结构式　HO—⟨⟩</td>
</tr>
<tr>
<td rowspan="2">危险性</td>
<td>危险性类别
● 急性毒性-经口，类别 3 *
● 急性毒性-经皮，类别 3 *
● 急性毒性-吸入，类别 3 *
● 皮肤腐蚀/刺激，类别 1B
● 严重眼损伤/眼刺激，类别 1
● 生殖细胞致突变性，类别 2
● 特异性靶器官毒性-反复接触，类别 2 *
● 危害水生环境-急性危害，类别 2
● 危害水生环境-长期危害，类别 2

● 象形图:</td>
</tr>
<tr>
<td>● 警示词: 危险</td>
</tr>
</table>

危险货物分类

(1) 联合国危险货物编号（UN 号）：2312
- 联合国运输名称：熔融苯酚
- 联合国危险性类别：6.1
- 包装类别：Ⅱ

- 包装标志：

(2) 联合国危险货物编号（UN 号）：3821
- 联合国运输名称：苯酚溶液
- 联合国危险性类别：6.1
- 包装类别：Ⅱ或Ⅲ

- 包装标志：

燃烧爆炸危险性
- 可燃

健康危害
- 职业接触限值：$PC\text{-}TWA$ 10mg/m³（皮）
- $IDLH$：250ppm
- 急性毒性：大鼠经 LD_{50}：317mg/kg；兔经皮 LD_{50}：630mg/kg；大鼠吸入 LC_{50}：316mg/m³（4h）
- 对皮肤、黏膜有强烈的腐蚀作用。可致皮肤灼伤，可经灼伤皮肤吸收引起中毒。眼接触可致灼伤。误服引起消化道灼伤，重者可致死
- 吸入高浓度蒸气可致头痛、头晕、乏力、视物模糊、肺水肿等

危险性

危险性	环境影响
	• 在很低的浓度下就能对水生生物造成危害
	• 在土壤中, 只要2~5天时间就可完全降解
	• 20℃在河流中只要2天就可基本去除

理化特性及用途	理化特性
	• 无色或白色晶体, 有特殊气味。在空气中及光线作用下变为粉红色甚至红色。室温下微溶于水, 65℃以上能与水混溶。弱酸性, 与强碱发生放热中和反应。与硝酸、浓硫酸、高锰酸钾、氯气等强氧化剂剧烈反应。能腐蚀部分塑料、橡胶和涂层, 热苯酚能腐蚀铝、镁、铅和锌等金属
	• 熔点: 40.69℃
	• 相对密度: 1.13
	• 爆炸极限: 1.3%~9.5%
	用途
	• 用于生产酚醛树脂、双酚A、己内酰胺、苯胺、烷基酚等。也用于合成纤维、合成橡胶、农药、染料、塑料和医药工业。还可用作溶剂、试剂、杀菌剂等

个体防护	
	• 佩戴全防型滤毒罐
	• 穿封闭式防化服

隔离与公共安全

泄漏：污染范围不明的情况下，初始隔离至少
25m，下风向疏散至少100m。如果溶液发生泄漏，初
始隔离至少50m，下风向疏散至少300m

火灾：火场内如有储罐、槽车或罐车，隔离800m。
考虑撤离隔离区内的人员、物资

- 疏散无关人员并划定警戒区
- 在上风、上坡或上游处停留，切勿进入低洼处
- 密闭空间加强现场通风

泄漏处理

- 消除所有点火源(泄漏区附近禁止吸烟，消除所
有明火、火花或火焰)
- 未穿全身防护服时，禁止触及毁损容器或泄
漏物
- 在确保安全的情况下，采用关阀、堵漏等措施，
以切断泄漏源

固体泄漏

- 用塑料膜覆盖，减少扩散和避免雨淋
- 用洁净的铲子收集泄漏物

溶液泄漏

- 筑堤或挖沟槽收容泄漏物，防止进入水体、下
水道、地下室或有限空间
- 用砂土或其他不燃材料吸收泄漏物
- 用石灰(CaO)、石灰石($CaCO_3$)或碳酸氢钠
($NaHCO_3$)中和泄漏物

应急行动

<table>
<tr><td rowspan="3">应急行动</td><td>

水体泄漏

- 沿河两岸进行警戒，严禁取水、用水、捕捞等一切活动
- 在下游筑坝拦截污染水，同时在上游开渠引流，让清洁水绕过污染带
- 监测水体中污染物的浓度
- 如果已溶解，在浓度不低于 10ppm 的区域，用 10 倍于泄漏量的活性炭吸附污染物

</td></tr>
<tr><td>

火灾扑救

灭火剂：干粉、二氧化碳、雾状水、抗溶性泡沫
- 筑堤收容消防污水以备处理，不得随意排放
- 用大量水冷却容器，直至火灾扑灭
- 禁止将水注入容器

</td></tr>
<tr><td>

急救

- 皮肤接触：立即脱去污染衣着。首先用大量清水冲洗至少 15min，再用浸过 30%~50% 的酒精棉花擦洗创面至无酚味为止，也可用聚乙烯二醇-300（PEG-300）或聚乙烯乙二醇和甲基化酒精混合液（2：1）的棉花揩洗。或用大量流动清水冲洗 20~30min。就医
- 眼睛接触：立即提起眼睑，用大量流动清水或生理盐水彻底冲洗 10~15min。就医
- 吸入：迅速脱离现场至空气新鲜处。保持呼吸道通畅。如呼吸困难，给输氧。呼吸、心跳停止，立即进行心肺复苏术。就医
- 食入：立即给饮蓖麻油或其他植物油 15~30mL。催吐。口服活性炭，导泻。就医。不能使用石蜡油或酒精

</td></tr>
</table>

6. 苯乙烯

别　名：乙烯基苯　CAS 号：100-42-5

特别警示	★ 易燃，其蒸气与空气混合，能形成爆炸性混合物 ★ 火场温度下易发生危险的聚合反应 ★ 不得使用直流水扑救
化学式	分子式 C_8H_8　结构式
危险性	危险性类别 • 易燃液体，类别 3 • 皮肤腐蚀/刺激，类别 2 • 严重眼损伤/眼刺激，类别 2 • 致癌性，类别 2 • 生殖毒性，类别 2 • 特异性靶器官毒性-反复接触，类别 1 • 危害水生环境-急性危害，类别 2 • 象形图： • 警示词：危险

危险货物分类

- 联合国危险货物编号(UN 号)：2055
- 联合国运输名称：苯乙烯单体，稳定的
- 联合国危险性类别：3
- 包装类别：Ⅲ

- 包装标志：

燃烧爆炸危险性

- 易燃，蒸气可与空气形成爆炸性混合物，遇明火、高热能引起燃烧爆炸
- 蒸气比空气重，能在较低处扩散到相当远的地方，遇火源会着火回燃
- 有机过氧化物、丁基锂、偶氮异丁腈等易引发苯乙烯聚合反应，甚至发生爆聚，导致苯乙烯单体发生燃烧爆炸
- 若遇高热，容器内压增大，有开裂或爆炸的危险

健康危害

- 职业接触限值：$PC\text{-}TWA$ 50mg/m³(皮)(G2B)；$PC\text{-}STEL$ 100mg/m³(皮)(G2B)
- $IDLH$：700ppm
- 急性毒性：大鼠经口 LD_{50}：1000mg/kg；大鼠吸入 LC_{50}：24000mg/m³(4h)
- 可经呼吸道、皮肤和胃肠道吸收
- 对眼、皮肤、黏膜和呼吸道有刺激性作用
- 高浓度时对中枢神经系统有麻醉作用

危险性

危险性	**环境影响** • 在很低的浓度下就能对水生生物造成危害 • 在有氧状态下，易被生物降解；在无氧状态下，降解速度相对较慢 • 可被光氧化生成甲醛、苯甲醛、苯甲酸、硝基过苯甲酸酯、2-硝基酚、甲酸
理化特性及用途	**理化特性** • 无色透明油状液体，有芳香味。不溶于水。受热、光照、暴露于空气中易发生聚合 • 熔点：-30.6℃ • 沸点：146℃ • 相对密度：0.91 • 闪点：32℃ • 爆炸极限：1.1%~6.1% **用途** • 用于制聚苯乙烯、合成橡胶、离子交换树脂等。是制造磺化苯乙烯与马来酸酐共聚物钻井液高温降黏剂的原料，也是医药、农药和香料合成的重要中间体
个体防护	• 佩戴全防型滤毒罐 • 穿封闭式防化服

隔离与公共安全

泄漏：污染范围不明的情况下，初始隔离至少100m，下风向疏散至少500m。然后进行气体浓度检测，根据有害蒸气的实际浓度，调整隔离、疏散距离

火灾：火场内如有储罐、槽车或罐车，隔离800m。考虑撤离隔离区内的人员、物资

- 疏散无关人员并划定警戒区
- 在上风、上坡或上游处停留，切勿进入低洼处
- 进入密闭空间之前必须先通风

应急行动

泄漏处理

- 消除所有点火源(泄漏区附近禁止吸烟，消除所有明火、火花或火焰)
- 使用防爆的通信工具
- 在确保安全的情况下，采用关阀、堵漏等措施，以切断泄漏源
- 作业时所有设备应接地
- 构筑围堤或挖沟槽收容泄漏物，防止进入水体、下水道、地下室或有限空间
- 用泡沫覆盖泄漏物，减少挥发
- 用砂土或其他不燃材料吸收泄漏物
- 如果储罐发生泄漏，可通过倒罐转移尚未泄漏的液体

水体泄漏

- 沿河两岸进行警戒，严禁取水、用水、捕捞等一切活动

• 在下游筑坝拦截污染水，同时在上游开渠引流，让清洁水绕过污染带
• 监测水体中污染物的浓度
• 如果已溶解，在浓度不低于10ppm的区域，用10倍于泄漏量的活性炭吸附污染物

火灾扑救

灭火剂：干粉、二氧化碳、雾状水、泡沫
• 不得使用直流水扑救
• 在确保安全的前提下，将容器移离火场
储罐、公路/铁路槽车火灾
• 尽可能远距离灭火或使用遥控水枪或水炮扑救
• 用大量水冷却容器，直至火灾扑灭
• 容器突然发出异常声音或发生异常现象，立即撤离
• 切勿在储罐两端停留

急救

• 皮肤接触：脱去污染的衣着，用清水彻底冲洗皮肤。就医
• 眼睛接触：立即提起眼睑，用大量流动清水或生理盐水彻底冲洗。就医
• 吸入：迅速脱离现场至空气新鲜处。保持呼吸道通畅。如呼吸困难，给输氧。呼吸、心跳停止，立即进行心肺复苏术。就医
• 食入：饮水，禁止催吐。就医

应急行动 （左侧竖排）

7. 丙酮

别　名：二甲基酮；阿西通　　CAS 号：**67-64-1**

特别警示	★ *高度易燃，其蒸气与空气混合，能形成爆炸性混合物* ★ *不得使用直流水扑救*
化学式	分子式　C_3H_6O　结构式
危险性	危险性类别 ● 易燃液体，类别2 ● 严重眼损伤/眼刺激，类别2 ● 特异性靶器官毒性–一次接触，类别3（麻醉效应） ● 象形图： ● 警示词：危险

危
险
性

危险货物分类

- 联合国危险货物编号（UN 号）：1090
- 联合国运输名称：丙酮
- 联合国危险性类别：3
- 包装类别：Ⅱ

- 包装标志：

燃烧爆炸危险性

- 易燃，蒸气与空气可形成爆炸性混合物，遇明火、高热引起燃烧或爆炸
- 蒸气比空气重，能在较低处扩散到相当远的地方，遇火源会着火回燃
- 若遇高热，容器内压增大，有开裂或爆炸的危险

健康危害

- 职业接触限值：$PC-TWA$ 300mg/m³；$PC-STEL$ 450mg/m³
- $IDLH$：2500ppm
- 急性毒性：大鼠经口 LD_{50}：5800mg/kg；兔经皮 LD_{50}：8000mg/kg
- 可经呼吸道、胃肠道和皮肤吸收，对中枢神经系统有麻醉作用，对黏膜有刺激性
- 急性中毒出现乏力、恶心、头痛、头晕、容易激动。重者发生呕吐、气急、痉挛，甚至昏迷。对眼、鼻、喉有刺激性。口服后，口唇、咽喉有烧灼感，后出现口干、呕吐、昏迷、酸中毒和酮症

危险性	环境影响 ● 水体中浓度较高时，对水生生物有害 ● 在土壤中有很强的迁移性 ● 在水中有氧状态下，可在 5～10 天内被生物降解；无氧状态下生物降解大概需要 3 周
理化特性及用途	理化特性 ● 无色透明液体，有芳香味，极易挥发。与水混溶。与硝酸、过氧化氢等强氧化剂发生剧烈反应，形成不稳定的、具有爆炸性的过氧化物 ● 沸点：56.5℃ ● 相对密度：0.80 ● 闪点：-20℃ ● 爆炸极限：2.5%～13.0% 用途 ● 是基本的有机原料，用于生产甲基丙烯酸甲酯、醋酐、环氧树脂、聚异戊二烯橡胶等。用作溶剂。在润滑油生产中，常与苯和甲苯混合作为脱蜡溶剂。也用作稀释剂、清洗剂、萃取剂
个体防护	● 佩戴简易滤毒罐 ● 穿简易防化服 ● 戴防化手套 ● 穿防化安全靴

应急行动	**隔离与公共安全** 　泄漏：污染范围不明的情况下，初始隔离至少50m，下风向疏散至少300m。发生大量泄漏时，初始隔离至少500m，下风向疏散至少1000m。然后进行气体浓度检测，根据有害蒸气的实际浓度调整隔离、疏散距离 　火灾：火场内如有储罐、槽车或罐车，隔离800m。考虑撤离隔离区内的人员、物资 　• 疏散无关人员并划定警戒区 　• 在上风、上坡或上游处停留，切勿进入低洼处 　• 进入密闭空间之前必须先通风 **泄漏处理** 　• 消除所有点火源(泄漏区附近禁止吸烟，消除所有明火、火花或火焰) 　• 使用防爆的通信工具 　• 在确保安全的情况下，采用关阀、堵漏等措施，以切断泄漏源 　• 作业时所有设备应接地 　• 构筑围堤或挖沟槽收容泄漏物，防止进入水体、下水道、地下室或有限空间 　• 用抗溶性泡沫覆盖泄漏物，减少挥发 　• 喷雾状水稀释挥发出的蒸气 　• 用砂土或其他不燃材料吸收泄漏物 　• 如果储罐发生泄漏，可通过倒罐转移尚未泄漏的液体

<table>
<tr><td rowspan="2">应急行动</td><td>

火灾扑救

灭火剂：干粉、二氧化碳、抗溶性泡沫

- 不得使用直流水扑救
- 在确保安全的前提下，将容器移离火场

储罐、公路/铁路槽车火灾

- 尽可能远距离灭火或使用遥控水枪或水炮扑救
- 用大量水冷却容器，直至火灾扑灭
- 容器突然发出异常声音或发生异常现象，立即撤离
- 切勿在储罐两端停留

</td></tr>
<tr><td>

急救

- 皮肤接触：脱去污染的衣着，用清水彻底冲洗皮肤。就医
- 眼睛接触：立即提起眼睑，用大量流动清水或生理盐水彻底冲洗。就医
- 吸入：迅速脱离现场至空气新鲜处。保持呼吸道通畅。如呼吸困难，给输氧。呼吸、心跳停止，立即进行心肺复苏术。就医
- 食入：饮水，禁止催吐。就医

</td></tr>
</table>

8. 丙酮氰醇

别 名：2-羟基-2-甲基丙腈；丙酮合氰化氢　CAS 号：75-86-5

<table>
<tr>
<td>特别警示</td>
<td>★ 剧毒
★ 120℃以上易分解生成氰化氢和丙酮
★ 解毒剂：亚硝酸异戊酯、亚硝酸钠、硫代硫酸钠、4-DMAP（4-二甲基氨基苯酚）
★ 不得使用直流水扑救</td>
</tr>
<tr>
<td>化学式</td>
<td>分子式 C_4H_7NO　结构式　HO ─┼═ N</td>
</tr>
<tr>
<td>危险性</td>
<td>危险性类别
• 急性毒性-经口，类别2*
• 急性毒性-经皮，类别1
• 急性毒性-吸入，类别2*
• 危害水生环境-急性危害，类别1
• 危害水生环境-长期危害，类别1

• 象形图：

• 警示词：危险</td>
</tr>
</table>

<table>
<tr><td rowspan="3">危险性</td><td>

危险货物分类

- 联合国危险货物编号(UN 号)：1541
- 联合国运输名称：丙酮合氰化氢，稳定的
- 联合国危险性类别：6.1
- 包装类别：I

- 包装标志：

</td></tr>
<tr><td>

燃烧爆炸危险性

- 易燃，蒸气可与空气形成爆炸性混合物，遇明火、高热能引起燃烧爆炸，放出有毒烟雾
- 蒸气比空气重，能在较低处扩散到相当远的地方，遇火源会着火回燃

</td></tr>
<tr><td>

健康危害

- 职业接触限值：MAC 3mg/m³(按 CN 计)(皮)
- 急性毒性：大鼠经口 LD_{50}：19.3mg/kg；兔经皮 LD_{50}：17mg/kg；小鼠吸入 LC_{50}：575ppm(2h)
- 剧毒化学品。可经呼吸道、消化道和皮肤吸收引起中毒
- 毒作用与氢氰酸相似。早期中毒症状有无力、头昏、头痛、胸闷、心悸、恶心、呕吐和食欲减退等，严重者在数小时内死亡。对皮肤、黏膜有刺激作用

</td></tr>
</table>

危 险 性	环境影响 • 对水生生物有很强的毒性作用，能对水环境造成长期的有害影响 • 在水体中，可以生成剧毒的氢氰酸，且 pH 值越大，反应速度越快
理 化 特 性 及 用 途	理化特性 • 无色至淡黄色液体，工业品为棕黄色透明液体。易溶于水。120℃以上易分解生成氰化氢和丙酮。碱性条件下，常温下即会发生分解 • 沸点：95℃ • 相对密度：0.93 • 闪点：63.9℃ • 爆炸极限：2.2%~12% 用途 • 是重要的有机合成中间体，用于合成甲基丙烯酸甲酯、偶氮二异丁腈、杀虫剂和金属分离提炼剂等
个 体 防 护	• 佩戴正压式空气呼吸器 • 穿封闭式防化服

应急行动

隔离与公共安全

泄漏：污染范围不明的情况下，初始隔离至少100m，下风向疏散至少500m。如果泄漏到水中，初始隔离至少300m，下风向疏散至少1000m。然后进行气体浓度检测，根据有害蒸气或气体以及水体污染物的实际浓度调整隔离、疏散距离

火灾：火场内如有储罐、槽车或罐车，隔离800m。考虑撤离隔离区内的人员、物资

- 疏散无关人员并划定警戒区
- 在上风、上坡或上游处停留，切勿进入低洼处
- 加强现场通风

泄漏处理

- 消除所有点火源(泄漏区附近禁止吸烟，消除所有明火、火花或火焰)
- 使用防爆的通信工具
- 作业时所有设备应接地
- 未穿全身防护服时，禁止触及毁损容器或泄漏物
- 在确保安全的情况下，采用关阀、堵漏等措施，以切断泄漏源
- 筑堤或挖沟槽收容泄漏物。防止进入水体、下水道、地下室或有限空间
- 用抗溶性泡沫覆盖泄漏物，减少挥发
- 喷雾状水溶解、稀释挥发的蒸气
- 用砂土或其他不燃材料吸收泄漏物

水体泄漏

- 沿河两岸进行警戒，严禁取水、用水、捕捞等一切活动
- 在下游筑坝拦截污染水，同时在上游开渠引流，让清洁水绕过污染带
- 监测水体中污染物的浓度
- 如果已溶解，在浓度不低于 10ppm 的区域，用 10 倍于泄漏量的活性炭吸附污染物

火灾扑救

灭火剂：干粉、二氧化碳、雾状水、抗溶性泡沫

- 在确保安全的前提下，将容器移离火场
- 筑堤收容消防污水以备处理，不得随意排放
- 不得使用直流水扑救

储罐、公路/铁路槽车火灾

- 尽可能远距离灭火或使用遥控水枪或水炮灭火
- 用大量水冷却容器，直至火灾扑灭
- 容器突然发出异常声音或发生异常现象，立即撤离
- 切勿在储罐两端停留

急救

- 皮肤接触：立即脱去污染的衣着，用流动清水或 5%硫代硫酸钠溶液彻底冲洗。就医
- 眼睛接触：立即提起眼睑，用大量流动清水或生理盐水彻底冲洗 10~15min。就医

应急行动

应急行动

● 吸入：迅速脱离现场至空气新鲜处。保持呼吸道通畅。如呼吸困难，给输氧。呼吸、心跳停止，立即进行人工呼吸(勿用口对口)和胸外心脏按压术。就医

● 食入：如伤者神志清醒，催吐，洗胃。就医

● 解毒剂：

(1)"亚硝酸钠-硫代硫酸钠"方案

①立即将亚硝酸异戊酯 1~2 支包在手帕内打碎，紧贴在患者口鼻前吸入。同时施人工呼吸，可立即缓解症状。每 1~2min 令患者吸入 1 支，直到开始使用亚硝酸钠时为止

②缓慢静脉注射 3%亚硝酸钠 10~15mL，速度为 2.5~5.0mL/min，注射时注意血压，如有明显下降，可给予升压药物

③用同一针头缓慢静脉注射硫代硫酸钠 12.5~25g (配成 25%的溶液)。若中毒征象重新出现，可按半量再给亚硝酸钠和硫代硫酸钠。轻症者，单用硫代硫酸钠即可

(2)新抗氰药物 4-DMAP 方案

轻度中毒：口服 4-DMAP(4-二甲基氨基苯酚)1 片(180mg)和 PAPP(氨基苯丙酮)1 片(90mg)

中度中毒：立即肌内注射抗氰急救针 1 支(10%4-DMAP 2mL)

重度中毒：立即肌内注射抗氰急救针 1 支，然后静脉注射 50%硫代硫酸钠 20mL。如症状缓解较慢或有反复，可在 1h 后重复半量

9. 丙烯

CAS 号: 115-07-1

特别警示	★ 极易燃 ★ 火场温度下易发生危险的聚合反应 ★ 若不能切断泄漏气源, 则不允许熄灭泄漏处的火焰
化学式	分子式 C_3H_6 结构式
危险性	危险性类别 • 易燃气体, 类别1 • 加压气体 • 象形图: • 警示词: 危险
	危险货物分类 • 联合国危险货物编号(UN 号): 1077 • 联合国运输名称: 丙烯 • 联合国危险性类别: 2.1 • 包装类别: • 包装标志:

<table>
<tr><td rowspan="4">危险性</td><td>

燃烧爆炸危险性

- 极易燃，与空气混合能形成爆炸性混合物，遇热源或明火有燃烧爆炸危险
- 蒸气比空气重，能在较低处扩散到相当远的地方，遇火源会着火回燃
- 受热能发生聚合反应，甚至导致燃烧爆炸

</td></tr>
<tr><td>

健康危害

- 急性毒性：大鼠吸入 LC_{50}：658000mg/m³(4h)
- 有麻醉作用
- 吸入高浓度后可产生头昏、乏力，甚至意识丧失。严重中毒时出现血压下降和心律失常
- 皮肤接触液态丙烯可引起冻伤

</td></tr>
<tr><td>

环境影响

- 在土壤中具有中等强度的迁移性

</td></tr>
<tr><td rowspan="2">理化特性及用途</td><td>

理化特性

- 无色气体，略带烃类特有的气味。微溶于水。催化剂(酸等)或引发剂(有机过氧化物等)存在时，易发生聚合，放出大量的热量
- 气体相对密度：1.5
- 爆炸极限：1.0% ~ 15.0%

</td></tr>
<tr><td>

用途

- 用于生产聚丙烯、乙丙橡胶、丙烯腈、辛醇、异丁醇、异丙苯、丙烯酸、环氧丙烷等。炼油工业中用于制取叠合汽油

</td></tr>
</table>

个体防护	• 泄漏状态下佩戴正压式空气呼吸器，火灾时可佩戴简易滤毒罐 • 穿简易防化服 • 戴防化手套 • 穿防化安全靴 • 处理液化气体时，应穿防寒服
应急行动	**隔离与公共安全** 　泄漏：污染范围不明的情况下，初始隔离至少100m，下风向疏散至少800m。然后进行气体浓度检测，根据有害气体的实际浓度，调整隔离、疏散距离 　火灾：火场内如有储罐、槽车或罐车，隔离1600m。考虑撤离隔离区内的人员、物资 • 疏散无关人员并划定警戒区 • 在上风、上坡或上游处停留，切勿进入低洼处 • 气体比空气重，可沿地面扩散，并在低洼处或有限空间(如下水道、地下室等)聚集 **泄漏处理** • 消除所有点火源(泄漏区附近禁止吸烟，消除所有明火、火花或火焰) • 使用防爆的通信工具 • 作业时所有设备应接地 • 在确保安全的情况下，采用关阀、堵漏等措施，以切断泄漏源 • 防止气体通过下水道、通风系统扩散或进入有限空间 • 喷雾状水改变蒸气云流向 • 隔离泄漏区直至气体散尽

应急行动

火灾扑救

灭火剂：干粉、二氧化碳、雾状水、泡沫

- 若不能切断泄漏气源，则不允许熄灭泄漏处的火焰
- 在确保安全的前提下，将容器移离火场

储罐火灾

- 尽可能远距离灭火或使用遥控水枪或水炮扑救
- 用大量水冷却容器，直至火灾扑灭
- 容器突然发出异常声音或发生异常现象，立即撤离

急救

- 皮肤接触：如果发生冻伤，将患部浸泡于保持在 38~42℃ 的温水中复温。不要涂擦。不要使用热水或辐射热。使用清洁、干燥的敷料包扎。就医
- 眼睛接触：提起眼睑，用流动清水或生理盐水冲洗。就医
- 吸入：迅速脱离现场至空气新鲜处。保持呼吸道通畅。如呼吸困难，给输氧。呼吸、心跳停止，立即进行心肺复苏术。就医

10. 丙烯醇

别　名：烯丙醇；2-丙烯-1-醇；蒜醇　CAS 号：107-18-6

特别警示	★ 剧毒 ★ 易燃。其蒸气与空气混合能形成爆炸性混合物 ★ 火场温度下易发生危险的聚合反应 ★ 不得使用直流水扑救
化学式	分子式　C_3H_6O 结构式
危险性	危险性类别 ● 易燃液体，类别 2 ● 急性毒性-经口，类别 3 ● 急性毒性-经皮，类别 1 ● 急性毒性-吸入，类别 2 ● 皮肤腐蚀/刺激，类别 2 ● 严重眼损伤/眼刺激，类别 2 ● 特异性靶器官毒性-一次接触，类别 3（呼吸道刺激） ● 危害水生环境-急性危害，类别 1 ● 象形图： ● 警示词：危险

危险货物分类

- 联合国危险货物编号（UN 号）：1098
- 联合国运输名称：烯丙醇
- 联合国危险性类别：6.1，3
- 包装类别：I

- 包装标志：

燃烧爆炸危险性

- 易燃，与空气混合能形成爆炸性混合物，遇热源或明火有燃烧爆炸危险
- 蒸气比空气重，能在较低处扩散到相当远的地方，遇火源会着火回燃
- 接触高热、点火源或氧化剂时，会引发丙烯醇的燃烧和爆炸
- 与四氯化碳反应的生成物不稳定，极易发生爆炸
- 接触过氧化二苯甲酰、过氧化二叔丁基等氧化剂会引发丙烯醇的聚合反应，在一定条件下甚至会发生爆聚，导致爆炸

健康危害

- 职业接触限值：$PC-TWA$ 2mg/m³（皮）；$PC-STEL$ 3mg/m³（皮）
- $IDLH$：20ppm
- 急性毒性：大鼠经口 LD_{50}：64mg/kg；兔经皮 LD_{50}：45mg/kg；大鼠吸入 LC_{50}：165ppm（4h）

危险性

危险性	● 剧毒化学品 ● 可经呼吸道、胃肠道和皮肤吸收。有强烈刺激性，并有全身毒作用 ● 接触蒸气后可产生眼和上呼吸道刺激症状，较重者发生急性结膜炎，并可造成迟发性角膜坏死 ● 眼和皮肤接触本品液体可致灼伤
	环境影响 ● 对水生生物有很强的毒性作用 ● 在土壤中具有很强的迁移性 ● 易被生物降解
理化特性及用途	理化特性 ● 无色透明液体，有刺激性气味。溶于水。强碱或酸会引发丙烯醇的聚合反应，放出大量的热 ● 沸点：96.9℃ ● 相对密度：0.85 ● 闪点：21℃ ● 爆炸极限：2.5%～18.0%
	用途 ● 主要用于生产甘油；也是医药、农药、化妆品和香料的中间体。还可用于生产各种聚酯
个体防护	● 佩戴正压式空气呼吸器 ● 穿封闭式防化服

	隔离与公共安全 　泄漏：污染范围不明的情况下，初始隔离至少300m，下风向疏散至少1000m。然后进行气体浓度检测，根据有害蒸气的实际浓度调整隔离、疏散距离 　火灾：火场内如有储罐、槽车或罐车，隔离800m。考虑撤离隔离区内的人员、物资 ● 疏散无关人员并划定警戒区 ● 在上风、上坡或上游处停留，切勿进入低洼处 ● 进入密闭空间之前必须先通风
应急行动	**泄漏处理** ● 消除所有点火源(泄漏区附近禁止吸烟，消除所有明火、火花或火焰) ● 使用防爆的通信工具 ● 在确保安全的情况下，采用关阀、堵漏等措施，以切断泄漏源 ● 作业时所有设备应接地 ● 构筑围堤或挖沟槽收容泄漏物，防止进入水体、下水道、地下室或有限空间 ● 用抗溶性泡沫覆盖泄漏物，减少挥发 ● 用砂土或其他不燃材料吸收泄漏物 ● 如果储罐发生泄漏，可通过倒罐转移尚未泄漏的液体 **水体泄漏** ● 沿河两岸进行警戒，严禁取水、用水、捕捞等一切活动

- 在下游筑坝拦截污染水，同时在上游开渠引流，让清洁水绕过污染带
- 监测水体中污染物的浓度
- 如果已溶解，在浓度不低于 10ppm 的区域，用 10 倍于泄漏量的活性炭吸附污染物

火灾扑救

灭火剂：干粉、二氧化碳、雾状水、抗溶性泡沫

- 在确保安全的前提下，将容器移离火场
- 筑堤收容消防污水以备处理，不得随意排放
- 不得使用直流水扑救

储罐、公路/铁路槽车火灾

- 尽可能远距离灭火或使用遥控水枪或水炮扑救
- 用大量冷水冷却容器，直至火灾扑灭
- 容器突然发出异常声音或发生异常现象，立即撤离
- 切勿在储罐两端停留

急救

- 皮肤接触：立即脱去污染的衣物，用大量流动清水冲洗 2~30min。就医
- 眼睛接触：立即提起眼睑，用大量流动清水或生理盐水彻底冲洗 10~15min。就医
- 吸入：迅速脱离现场至空气新鲜处。保持呼吸道通畅。如呼吸困难，给输氧。呼吸、心跳停止，立即进行心肺复苏术。就医
- 食入：饮足量温水，催吐、洗胃、导泻。就医

应急行动

11. 丙烯腈

别 名：氰基乙烯；乙烯基氰 CAS 号：107-13-1

特别警示	★ 易燃，其蒸气与空气混合，能形成爆炸性混合物 ★ 火场温度下易发生危险的聚合反应 ★ 注意：闪点很低，用水灭火无效 ★ 解毒剂：亚硝酸异戊酯、亚硝酸钠、硫代硫酸钠、4-DMAP(4-二甲基氨基苯酚)
化学式	分子式 C_3H_3N 结构式 \=N
危险性	危险性类别 • 易燃液体，类别2 • 急性毒性-经口，类别3＊ • 急性毒性-经皮，类别3 • 急性毒性-吸入，类别3 • 皮肤腐蚀/刺激，类别2 • 严重眼损伤/眼刺激，类别1 • 皮肤致敏物，类别1 • 致癌性，类别2 • 特异性靶器官毒性——次接触，类别3(呼吸道刺激) • 危害水生环境-急性危害，类别2 • 危害水生环境-长期危害，类别2 • 象形图： • 警示词：危险

<table>
<tr><td rowspan="4">危险性</td><td>

危险货物分类

- 联合国危险货物编号(UN 号)：1093
- 联合国运输名称：丙烯腈，稳定的
- 联合国危险性类别：3，6.1
- 包装类别：Ⅰ

- 包装标志：

</td></tr>
<tr><td>

燃烧爆炸危险性

- 易燃，与空气混合能形成爆炸性混合物，遇热源或明火有燃烧爆炸危险
- 燃烧产生有毒烟雾或气体
- 蒸气比空气重，能在较低处扩散到相当远的地方，遇火源会着火回燃
- 受热或引发剂存在条件下能发生剧烈的聚合反应

</td></tr>
<tr><td>

健康危害

- 职业接触限值：$PC-TWA$ 1mg/m³(皮)(G2B)：$PC-STEL$ 2mg/m³(皮)(G2B)
- $IDLH$：60ppm
- 急性毒性：大鼠经口 LD_{50}：78mg/kg；大鼠经皮 LD_{50}：148mg/kg；大鼠吸入 LC_{50}：333ppm(4h)
- 抑制呼吸酶
- 可经呼吸道、胃肠道和完整皮肤进入体内
- 急性轻度中毒出现头痛、头昏、上腹部不适、恶心、呕吐、手足麻木、胸闷、呼吸困难、腱反射亢进、嗜睡状态或意识模糊。重度中毒出现癫痫大发作样抽搐、昏迷、肺水肿

</td></tr>
</table>

危险性	**环境影响** • 对水生生物有毒性作用,能在水环境中造成长期的有害影响 • 在土壤中具有很强的迁移性 • 具有中等强度的生物富集性 • 易挥发,是有害的空气污染物 • 有氧状态下,在低浓度时易被生物降解
理化特性及用途	**理化特性** • 无色透明液体。微溶于水。强碱或酸能引发丙烯腈的剧烈聚合反应。受高热分解能生成剧毒的氰化氢气体 • 沸点: 77.3℃ • 相对密度: 0.81 • 闪点: −5℃ • 爆炸极限: 2.8%~28% **用途** • 用于制造聚丙烯腈、丁腈橡胶、染料、合成树脂、医药等。也可用作谷类烟熏剂和溶剂
个体防护	• 佩戴正压式空气呼吸器 • 穿封闭式防化服

隔离与公共安全

泄漏：污染范围不明的情况下，初始隔离至少100m，下风向疏散至少500m。然后进行气体浓度检测，根据有害蒸气的实际浓度，调整隔离、疏散距离

火灾：火场内如有储罐、槽车或罐车，隔离800m。考虑撤离隔离区内的人员、物资

- 疏散无关人员并划定警戒区
- 在上风、上坡或上游处停留，切勿进入低洼处
- 进入密闭空间之前必须先通风

应急行动

泄漏处理

- 消除所有点火源(泄漏区附近禁止吸烟，消除所有明火、火花或火焰)
- 使用防爆的通信工具
- 在确保安全的情况下，采用关阀、堵漏等措施以切断泄漏源
- 作业时所有设备应接地
- 构筑围堤或挖沟槽收容泄漏物，防止进入水体、下水道、地下室或有限空间
- 用抗溶性泡沫覆盖泄漏物，减少挥发
- 用砂土或其他不燃材料吸收泄漏物
- 如果储罐发生泄漏，可通过倒罐转移尚未泄漏的液体

水体泄漏

- 沿河两岸进行警戒，严禁取水、用水、捕捞等一切活动
- 在下游筑坝拦截污染水，同时在上游开渠引流，让清洁水改走新河道
- 加入过量的漂白粉(次氯酸钙)或次氯酸钠氧化污染物

火灾扑救

注意：闪点很低，用水灭火无效

灭火剂：干粉、二氧化碳、抗溶性泡沫

- 在确保安全的前提下，将容器移离火场
- 筑堤收容消防污水以备处理，不得随意排放
- 不得使用直流水扑救

储罐、公路/铁路槽车火灾

- 尽可能远距离灭火或使用遥控水枪或水炮扑救
- 用大最水冷却容器，直至火灾扑灭
- 容器突然发出异常声音或发生异常现象，立即撤离
- 切勿在储罐两端停留

急救

- 皮肤接触：立即脱去污染的衣着，用流动清水或5%硫代硫酸钠溶液彻底冲洗。就医
- 眼睛接触：立即提起眼睑，用大量流动清水或生理盐水彻底冲洗10~15min。就医
- 吸入：迅速脱离现场至空气新鲜处。保持呼吸道通畅。如呼吸困难，给输氧。呼吸、心跳停止，立即进行人工呼吸(勿用口对口)和胸外心脏按压术。就医

应急行动

<table>
<tr><td rowspan="1">应急行动</td><td>

- 食入：如患者神志清醒，催吐，洗胃。就医
- 解毒剂：
（1）"亚硝酸钠-硫代硫酸钠"方案

①立即将亚硝酸异戊酯 1~2 支包在手帕内打碎，紧贴在患者口鼻前吸入。同时施人工呼吸，可立即缓解症状。每 1~2min 令患者吸入 1 支，直到开始使用亚硝酸钠时为止

②缓慢静脉注射 3% 亚硝酸钠 10~15mL，速度为 2.5~5.0mL/min，注射时注意血压，如有明显下降，可给予升压药物

③用同一针头缓慢静脉注射硫代硫酸钠 12.5~25g（配成 25%的溶液）。若中毒征象重新出现，可按半量再给亚硝酸钠和硫代硫酸钠。轻症者，单用硫代硫酸钠即可

（2）新抗氰药物 4-DMAP 方案

轻度中毒：口服 4-DMAP（4-二甲基氨基苯酚）1 片（180mg）和 PAPP（氨基苯丙酮）1 片（90mg）

中度中毒：立即肌内注射抗氰急救针 1 支（10%4-DMAP 2mL）

重度中毒：立即肌内注射抗氰急救针 1 支，然后静脉注射 50%硫代硫酸钠 20mL。如症状缓解较慢或有反复，可在 1h 后重复半量

</td></tr>
</table>

12. 丙烯醛

别　名：烯丙醛　CAS 号：107-02-8

特别警示	★ 高度易燃，其蒸气与空气混合，能形成爆炸性混合物 ★ 火场温度下易发生危险的聚合反应 ★ 不得使用直流水扑救
化学式	分子式 C_3H_4O　结构式
危险性	危险性类别 ● 易燃液体，类别 2 ● 急性毒性-经口，类别 2 ● 急性毒性-经皮，类别 3 ● 急性毒性-吸入，类别 1 ● 皮肤腐蚀/刺激，类别 1B ● 严重眼损伤/眼刺激，类别 1 ● 危害水生环境-急性危害，类别 1 ● 危害水生环境-长期危害，类别 1 ● 象形图： ● 警示词：危险

危险性

危险货物分类

- 联合国危险货物编号(UN 号)：1092
- 联合国运输名称：丙烯醛，稳定的
- 联合国危险性类别：6.1，3
- 包装类别：Ⅰ
- 包装标志：

燃烧爆炸危险性

- 易燃，与空气混合能形成爆炸性混合物，遇强光、高温热源或明火有燃烧爆炸危险
- 蒸气比空气重，能在较低处扩散到相当远的地方，遇火源会着火回燃

健康危害

- 职业接触限值：MAC 0.3mg/m³(皮)
- $IDLH$：2ppm
- 急性毒性：大鼠经口 LD_{50}：26mg/kg；兔经皮 LD_{50}：200mg/kg；大鼠吸入 LC_{50}：18mg/kg(4h)
- 具有强烈刺激性
- 可经呼吸道、胃肠道和完整皮肤进入体内
- 吸入蒸气损害呼吸道，出现咽喉炎、支气管炎；大量吸入可致肺炎、肺水肿，还可出现休克、肾炎及心力衰竭
- 可致眼和皮肤灼伤

危险性	**环境影响** • 对水生生物有极强的毒性作用 • 在土壤中具有极强的迁移性 • 有氧状态下，易被生物降解；无氧状态下，生物降解相对较慢
理化特性及用途	**理化特性** • 无色或淡黄色液体，有恶臭。溶于水。与氧化剂剧烈反应。水溶液中的无机酸和金属离子杂质能引发丙烯醛的聚合反应 • 沸点：52.5℃ • 相对密度：0.84 • 闪点：-26℃ • 爆炸极限：2.8%~31% **用途** • 主要用于制蛋氨酸和其他丙烯醛衍生物
个体防护	• 佩戴正压式空气呼吸器 • 穿封闭式防化服

隔离与公共安全

泄漏：污染范围不明的情况下，初始隔离至少300m，下风向疏散至少1000m。然后进行气体浓度检测，根据有害蒸气的实际浓度调整隔离、疏散距离

火灾：火场内如有储罐、槽车或罐车，隔离800m。考虑撤离隔离区内的人员、物资

- 疏散无关人员并划定警戒区
- 在上风、上坡或上游处停留，切勿进入低洼处
- 进入密闭空间之前必须先通风

泄漏处理

- 消除所有点火源（泄漏区附近禁止吸烟，消除所有明火、火花或火焰）
- 使用防爆的通信工具
- 在确保安全的情况下，采用关阀、堵漏等措施，以切断泄漏源
- 作业时所有设备应接地
- 构筑围堤或挖沟槽收容泄漏物，防止进入水体、下水道、地下室或有限空间
- 用抗溶性泡沫覆盖泄漏物，减少挥发
- 用雾状水稀释泄漏气体
- 用砂土或其他不燃材料吸收泄漏物
- 如果储罐发生泄漏，可通过倒罐转移尚未泄漏的液体

水体泄漏

- 沿河两岸进行警戒，严禁取水、用水、捕捞等一切活动

应急行动

* 在下游筑坝拦截污染水，同时在上游开渠引流，让清洁水绕过污染带
* 监测水体中污染物的浓度
* 如果已溶解，在浓度不低于 10ppm 的区域，用 10 倍于泄漏量的活性炭吸附污染物

火灾扑救

灭火剂：干粉、二氧化碳、抗溶性泡沫

* 在确保安全的前提下，将容器移离火场
* 筑堤收容消防污水以备处理，不得随意排放
* 不得使用直流水扑救

储罐、公路/铁路槽车火灾

* 尽可能远距离灭火或使用遥控水枪或水炮扑救
* 用大量水冷却容器，直至火灾扑灭
* 容器突然发出异常声音或发生异常现象，立即撤离
* 切勿在储罐两端停留

急救

* 皮肤接触：立即脱去污染的衣着，用大量流动清水冲洗 20~30min。就医
* 眼睛接触：立即提起眼睑，用大量流动清水或生理盐水彻底冲洗 10~15min。就医
* 吸入：迅速脱离现场至空气新鲜处。保持呼吸道通畅。如呼吸困难，给输氧。呼吸、心跳停止，立即进行心肺复苏术。就医
* 食入：用水漱口，给饮牛奶或蛋清。就医

应急行动

13. 丙烯酸甲酯

别　名：败脂酸甲酯　CAS 号：96-33-3

<table>
<tr>
<td>特别警示</td>
<td>★ 具有强刺激作用
★ 易燃。其蒸气与空气混合，能形成爆炸性混合物
★ 火场温度下易发生危险的聚合反应
★ 注意：用水灭火无效
★ 不得使用直流水扑救</td>
</tr>
<tr>
<td>化学式</td>
<td>分子式　$C_4H_6O_2$　结构式 </td>
</tr>
<tr>
<td>危险性</td>
<td>危险性类别
• 易燃液体，类别 2
• 皮肤腐蚀/刺激，类别 2
• 严重眼损伤/眼刺激，类别 2
• 皮肤致敏物，类别 1
• 特异性靶器官毒性——次接触，类别 3(呼吸道刺激)
• 危害水生环境-急性危害，类别 2
• 危害水生环境-长期危害，类别 3

• 象形图：

• 警示词：危险</td>
</tr>
</table>

危
险
性

危险货物分类

(1) 联合国危险货物编号 (UN 号): 1247

● 联合国运输名称: 单体丙烯酸甲酯, 稳定的

● 联合国危险性类别: 3

● 包装类别: Ⅱ

● 包装标志:

(2) 联合国危险货物编号 (UN 号): 1919

● 联合国运输名称: 丙烯酸甲酯, 稳定的

● 联合国危险性类别: 3

● 包装类别: Ⅱ

● 包装标志:

燃烧爆炸危险性

● 易燃, 与空气混合能形成爆炸性混合物, 遇强光、高温热源或明火有燃烧爆炸危险

● 蒸气比空气重, 能在较低处扩散到相当远的地方, 遇火源会着火回燃

● 接触高热、点火源或氧化剂时, 会发生爆炸

健康危害

● 职业接触限值: $PC\text{-}TWA$ 20mg/m³ (皮) (敏)

● $IDLH$: 250ppm

● 急性毒性: 大鼠经口 LD_{50}: 277mg/kg; 兔经皮 LD_{50}: 1243mg/kg; 大鼠吸入 LC_{50}: 1350ppm (4h)

危险性	• 具有强刺激作用 • 高浓度接触，引起眼及呼吸道的刺激症状，严重者出现呼吸困难、痉挛，发生肺水肿。误服急性中毒者，出现消化道腐蚀症状，伴有虚脱、呼吸困难、躁动等 环境影响 • 在土壤中具有很强的迁移性 • 易被生物降解
理化特性及用途	理化特性 • 无色透明液体。有类似大蒜的气味。微溶于水。暴露于空气中，易形成有机过氧化物，引发自身的聚合反应，放出大量的热量。受光照或高热易引发聚合反应，随温度升高聚合速率急骤增加 • 沸点：80.0℃ • 相对密度：0.95 • 闪点：−3℃ • 爆炸极限：1.2%～25.0% 用途 • 用于制塑料、树脂、涂料和黏合剂，也用于皮革、纺织品和纸的加工
个体防护	• 佩戴全防型滤毒罐 • 穿封闭式防化服

隔离与公共安全

泄漏：污染范围不明的情况下，初始隔离至少100m，下风向疏散至少500m。然后进行气体浓度检测，根据有害蒸气的实际浓度，调整隔离、疏散距离

火灾：火场内如有储罐、槽车或罐车，隔离800m。考虑撤离隔离区内的人员、物资

- 疏散无关人员并划定警戒区
- 在上风、上坡或上游处停留，切勿进入低洼处
- 进入密闭空间之前必须先通风

泄漏处理

- 消除所有点火源(泄漏区附近禁止吸烟，消除所有明火、火花或火焰)
- 使用防爆的通信工具
- 在确保安全的情况下，采用关阀、堵漏等措施，以切断泄漏源
- 作业时所有设备应接地
- 构筑围堤或挖淘槽收容泄漏物，防止进入水体、下水道、地下室或有限空间
- 用泡沫覆盖泄漏物，减少挥发
- 用砂土或其他不燃材料吸收泄漏物
- 如果储罐发生泄漏，可通过倒罐转移尚未泄漏的液体

应急行动

应急行动	火灾扑救 注意：用水灭火无效 灭火剂：干粉、二氧化碳、抗溶性泡沫 • 不得使用直流水扑救 • 在确保安全的前提下，将容器移离火场 储罐、公路/铁路槽车火灾 • 尽可能远距离灭火或使用遥控水枪或水炮扑救 • 用大量水冷却容器，直至火灾扑灭 • 容器突然发出异常声音或发生异常现象，立即撤离 • 切勿在储罐两端停留
	急救 • 皮肤接触：立即脱去污染的衣着，用清水彻底冲洗皮肤。就医 • 眼睛接触：立即提起眼睑，用大量流动清水或生理盐水彻底冲洗 10~15min。就医 • 吸入：迅速脱离现场至空气新鲜处。保持呼吸道通畅。如呼吸困难，给输氧。呼吸、心跳停止，立即进行心肺复苏术。就医 • 食入：饮水，禁止催吐。就医

14. 醋酸酐

别　名：乙酸酐；乙酐；醋酐　　CAS 号：**108-24-7**

特别警示	★ 有腐蚀性，可致眼和皮肤灼伤 ★ 易燃，其蒸气与空气混合，能形成爆炸性混合物 ★ 与水剧烈反应生成乙酸，水中有硝酸、硫酸、高氯酸存在时，反应速度大大增加，有爆炸危险
化学式	分子式 $C_4H_6O_3$　　结构式
危险性	危险性类别 ● 易燃液体，类别 3 ● 皮肤腐蚀/刺激，类别 1B ● 严重眼损伤/眼刺激，类别 1 ● 特异性靶器官毒性——次接触，类别 3(呼吸道刺激) ● 象形图： ● 警示词：危险

危 险 性

危险货物分类
- 联合国危险货物编号(UN号)：1715
- 联合国运输名称：乙酸酐
- 联合国危险性类别：8，3
- 包装类别：Ⅱ
- 包装标志：

燃烧爆炸危险性
- 易燃，蒸气与空气可形成爆炸性混合物，遇明火、高热能引起燃烧爆炸

健康危害
- 职业接触限值：$PC-TWA$ 16mg/m^3
- $IDLH$：200ppm
- 急性毒性：大鼠经口 LD_{50}：1780mg/kg；兔经皮 LD_{50}：4000mg/kg；大鼠吸入 LD_{50}：4170mg/m^3 (4h)
- 有强烈刺激性和腐蚀性
- 蒸气对眼和呼吸道有刺激作用
- 眼和皮肤直接接触液体可致灼伤。口服灼伤口腔和消化道

环境影响
- 进入水体后，立即水解生成醋酸，使水体 pH 值下降，对水生生物有一定的危害

理化特性及用途	**理化特性** ● 无色易挥发液体，具有强烈刺激性气味。与硝酸、高氯酸、高锰酸钾、过氧化物等氧化剂发生剧烈反应。与甲醇、乙醇、甘油、硼酸剧烈反应 ● 沸点：138.6℃ ● 相对密度：1.08 ● 闪点：49℃ ● 爆炸极限：2.0%~10.3% **用途** ● 用于制造醋酸纤维、醋酸乙烯酯树脂染料、香料及药物等。也用作乙酰化剂
个体防护	● 佩戴全防型滤毒罐 ● 穿封闭式防化服
应急行动	**隔离与公共安全** 　泄漏：污染范围不明的情况下，初始隔离至少100m，下风向疏散至少500m。然后进行气体浓度检测，根据有害蒸气的实际浓度，调整隔离、疏散距离 　火灾：火场内如有储罐、槽车或罐车，隔离800m。考虑撤离隔离区内的人员、物资 ● 疏散无关人员并划定警戒区 ● 在上风、上坡或上游处停留，切勿进入低洼处 ● 进入密闭空间之前必须先通风 **泄漏处理** ● 消除所有点火源(泄漏区附近禁止吸烟，消除所有明火、火花或火焰) ● 使用防爆的通信工具 ● 未穿全身防护服时，禁止触及毁损容器或泄漏物

	● 在确保安全的情况下，采用关阀、堵漏等措施，以切断泄漏源
	● 构筑围堤或挖沟槽收容泄漏物，防止进入水体、下水道、地下室或有限空间
	● 用砂土或其他不燃材料吸收泄漏物
	● 用碳酸氢钠稀碱液中和泄漏物
	水体泄漏
	● 沿河两岸进行警戒，严禁取水、用水、捕捞等一切活动
	● 在下游筑坝拦截污染水，同时在上游开渠引流，让清洁水改走新河道
	● 用碳酸氢钠稀碱液中和污染物
应急行动	**火灾扑救** 灭火剂：干粉、二氧化碳、雾状水、抗溶性泡沫 ● 在确保安全的前提下，将容器移离火场 **储罐、公路/铁路槽车火灾** ● 用大量水冷却容器，直至火灾扑灭 ● 禁止将水注入容器 ● 容器突然发出异常声音或发生异常现象，立即撤离 ● 切勿在储罐两端停留
	急救 ● 皮肤接触：立即脱去污染的衣着，用大量流动清水冲洗 20~30min。就医 ● 眼睛接触：立即提起眼睑，用大量流动清水或生理盐水彻底冲洗 10~15min。就医 ● 吸入：迅速脱离现场至空气新鲜处。保持呼吸道通畅。如呼吸困难，给输氧。呼吸、心跳停止，立即进行心肺复苏术。就医 ● 食入：用水漱口，给饮牛奶或蛋清。就医

15. 1,3-丁二烯

别　名：联乙烯　CAS 号：**106-99-0**

特别警示	★ 确认人类致癌物 ★ 极易燃 ★ 若不能切断泄漏气源，则不允许熄灭泄漏处的火焰 ★ 火场温度下易发生危险的聚合反应
化学式	分子式　C_4H_6　结构式
危险性	**危险性类别** • 易燃气体，类别 1 • 加压气体 • 生殖细胞致突变性，类别 1B • 致癌性，类别 1A • 象形图： • 警示词：危险 **危险货物分类** • 联合国危险货物编号（UN 号）：1010 • 联合国运输名称：丁二烯，稳定的或丁二烯和碳氢化合物的混合物，稳定的，含丁二烯高于40% • 联合国危险性类别：2.1 • 包装类别： • 包装标志：

危险性	**燃烧爆炸危险性** • 极易燃，与空气混合能形成爆炸性混合物，遇高热或明火或氧化剂易发生燃烧爆炸 • 比空气重，能在较低处扩散到相当远的地方，遇火源会着火回燃 • 接触空气易形成有机过氧化物，受热或撞击极易发生爆炸 • 若遇高热，可发生聚合反应，放出大量热量而引起容器破裂和爆炸事故 **健康危害** • 职业接触限值：PC-TWA 5mg/m³（G2A） • $IDLH$：2000ppm［10% LEL］ • 急性毒性：大鼠经口 LD_{50}：5480mg/kg；大鼠吸入 LC_{50}：285000ppm（4h） • 具有麻醉和刺激作用，重度中毒出现酒醉状态、呼吸困难、脉速等，后转入意识丧失和抽搐 • 皮肤直接接触液态本品，可发生冻伤 **环境影响** • 在土壤中具有中等强度的迁移性
理化特性及用途	**理化特性** • 无色气体，有芳香味。易液化。在有氧气存在下易聚合。工业品含有 0.02% 的对叔丁基邻苯二酚阻聚剂。不溶于水。催化剂（酸等）或引发剂（有机过氧化物等）存在时，易发生聚合，放出大量的热量 • 沸点：-4.5℃ • 气体相对密度：1.87 • 爆炸极限：1.4%~16.3%

理化特性及用途	用途 ● 是合成橡胶、合成树脂的重要单体，主要用于生产氯丁橡胶、顺丁橡胶、丁苯橡胶、丁腈橡胶及ABS树脂等。也是制取多种涂料和有机化工产品的原料
个体防护	● 泄漏状态下佩戴正压式空气呼吸器，火灾时可佩戴简易滤毒罐 ● 穿简易防化服 ● 戴防化手套 ● 穿防化安全靴
应急行动	隔离与公共安全 　泄漏：污染范围不明的情况下，初始隔离至少100m，下风向疏散至少800m。然后进行气体浓度检测，根据有害气体的实际浓度，调整隔离、疏散距离 　火灾：火场内如有储罐、槽车或罐车，隔离1600m。考虑撤离隔离区内的人员、物资 ● 疏散无关人员并划定警戒区 ● 在上风、上坡或上游处停留，切勿进入低洼处 ● 气体比空气重，可沿地面扩散，并在低洼处或有限空间(如下水道、地下室等)聚集
	泄漏处理 ● 消除所有点火源(泄漏区附近禁止吸烟，消除所有明火、火花或火焰) ● 使用防爆的通信工具 ● 作业时所有设备应接地 ● 在确保安全的情况下，采用关阀、堵漏等措施，以切断泄漏源

- 防止气体通过下水道、通风系统扩散或进入有限空间
- 喷雾状水改变蒸气云流向
- 隔离泄漏区直至气体散尽

火灾扑救

灭火剂：干粉、二氧化碳、雾状水或泡沫
- 若不能切断泄漏气源，则不允许熄灭泄漏处的火焰
- 在确保安全的前提下，将容器移离火场

储罐火灾
- 尽可能远距离灭火或使用遥控水枪或水炮扑救
- 用大量水冷却容器，直至火灾扑灭
- 容器突然发出异常声音或发生异常现象，立即撤离
- 切勿在储罐两端停留
- 当大火已经在货船蔓延，立即撤离，货船可能爆炸

急救
- 皮肤接触：如果发生冻伤，将患部浸泡于保持在38~42℃的温水中复温。不要涂擦。不要使用热水或辐射热。使用清洁、干燥的敷料包扎。就医
- 眼睛接触：提起眼睑，用流动清水或生理盐水冲洗。就医
- 吸入：迅速脱离现场至空气新鲜处。保持呼吸道通畅。如呼吸困难，给输氧。呼吸、心跳停止，立即进行心肺复苏术。就医

（应急行动）

16. 丁烷

别　名: 正丁烷　CAS 号: **106-97-8**

特别警示	★ **极易燃** ★ **若不能切断泄漏气源, 则不允许熄灭泄漏处的火焰**
化学式	分子式 C_4H_{10}　结构式
危险性	危险性类别 • 易燃气体, 类别 1 • 加压气体 • 象形图:　 • 警示词: 危险 危险货物分类 • 联合国危险货物编号(UN 号): 1011 • 联合国运输名称: 丁烷 • 联合国危险性类别: 2.1 • 包装类别: • 包装标志:

<table>
<tr><td rowspan="3">危 险 性</td><td>

燃烧爆炸危险性

- 极易燃，与空气混合能形成爆炸性混合物，遇热源和明火有燃烧爆炸的危险
- 比空气重，能在较低处扩散到相当远的地方，遇火源会着火回燃

</td></tr>
<tr><td>

健康危害

- $IDLH$：1600ppm（>10%LEL）
- 急性毒性：大鼠吸入 LC_{50}：658000ppm（4h）
- 具有弱刺激和麻醉作用
- 吸入高浓度出现头晕、头痛、嗜睡、恶心、酒醉状态
- 皮肤接触液态丁烷可造成冻伤

</td></tr>
<tr><td>

环境影响

- 具有中等强度的生物富集性

</td></tr>
<tr><td rowspan="2">理 化 特 性 及 用 途</td><td>

理化特性

- 无色气体，有轻微的不愉快气味。不溶于水
- 气体相对密度：2.1
- 爆炸极限：1.5%～8.5%

</td></tr>
<tr><td>

用途

- 是有机合成的原料，用于制取丁烯、丁二烯、顺丁烯二酸酐、乙烯、卤代丁烷等。也用作燃料、树脂发泡剂、溶剂、制冷剂等

</td></tr>
</table>

个体防护	• 泄漏状态下佩戴正压式空气呼吸器，火灾时可佩戴简易滤毒罐 • 穿简易防化服 • 戴防化手套 • 穿防化安全靴 • 处理液化气体时，应穿防寒服
应急行动	**隔离与公共安全** 　泄漏：污染范围不明的情况下，初始隔离至少100m，下风向疏散至少800m。然后进行气体浓度检测，根据有害气体的实际浓度，调整隔离、疏散距离 　火灾：火场内如有储罐、槽车或罐车，隔离1600m。考虑撤离隔离区内的人员、物资 • 疏散无关人员并划定警戒区 • 在上风、上坡或上游处停留，切勿进入低洼处 • 气体比空气重，可沿地面扩散，并在低洼处或有限空间(如下水道、地下室等)聚集 **泄漏处理** • 消除所有点火源(泄漏区附近禁止吸烟，消除所有明火、火花或火焰) • 使用防爆的通信工具 • 作业时所有设备应接地 • 在确保安全的情况下，采用关阀、堵漏等措施，以切断泄漏源 • 防止气体通过下水道、通风系统扩散或进入有限空间 • 喷雾状水改变蒸气云流向 • 隔离泄漏区直至气体散尽

应急行动

火灾扑救

灭火剂：干粉、二氧化碳、雾状水或泡沫

• 若不能切断泄漏气源，则不允许熄灭泄漏处的火焰

• 在确保安全的前提下，将容器移离火场

储罐火灾

• 尽可能远距离灭火或使用遥控水枪或水炮扑救

• 用大量水冷却容器，直至火灾扑灭

• 容器突然发出异常声音或发生异常现象，立即撤离

• 切勿在储罐两端停留

急救

• 皮肤接触：如果发生冻伤，将患部浸泡于保持在38~42℃的温水中复温。不要涂擦。不要使用热水或辐射热。使用清洁、干燥的敷料包扎。就医

• 眼睛接触：提起眼睑，用流动清水或生理盐水冲洗。就医

• 吸入：迅速脱离现场至空气新鲜处。保持呼吸道通畅。如呼吸困难，给输氧。呼吸、心跳停止，立即进行心肺复苏术。就医

17. 二甲苯

别　名: 二甲基苯　CAS 号: 1330-20-7

特别警示	★ 易燃, 其蒸气与空气混合, 能形成爆炸性混合物 ★ 不得使用直流水扑救
化学式	分子式　C_8H_{10}　结构式
危险性	危险性类别 • 易燃液体, 类别 3 • 皮肤腐蚀/刺激, 类别 2 • 危害水生环境-急性危害, 类别 2 • 象形图: • 警示词: 警告 危险货物分类 • 联合国危险货物编号(UN 号): 1307 • 联合国运输名称: 二甲苯 • 联合国危险性类别: 3 • 包装类别: Ⅱ 或 Ⅲ • 包装标志:

危险性

燃烧爆炸危险性
- 易燃，蒸气与空气可形成爆炸性混合物，遇明火、高热能引起燃烧爆炸，产生黑色有毒烟气
- 蒸气比空气重，能在较低处扩散到相当远的地方，遇火源会着火回燃
- 若遇高热可发生聚合反应，放出大量热量而引起容器破裂和爆炸事故
- 流速过快，容易产生和积聚静电

健康危害
- 职业接触限值：$PC-TWA$ 50mg/m^3；$PC-STEL$ 100mg/m^3
- $IDLH$：900ppm
- 短时间内吸入较高浓度本品表现为麻醉作用，重症者可有躁动、抽搐、昏迷。对眼和呼吸道有刺激作用。可出现明显的心脏损害
- 本品液体直接吸入肺内可引起肺炎、肺水肿、肺出血

环境影响
- 在很低的浓度下就能对水生生物造成危害
- 在土壤中具有较强的迁移性
- 易挥发，是有害的空气污染物
- 在有氧状态下，可被生物降解；但在无氧状态下，生物降解比较困难

理化特性及用途	**理化特性** • 无色透明挥发性液体，有类似苯的气味。是由间、邻、对三种异构体组成的混合物。不溶于水。能溶解部分塑料、橡胶和涂层
	用途 • 用于生产对二甲苯、邻二甲苯。用作油漆涂料的溶剂、航空汽油添加剂

个体防护	• 佩戴全防型滤毒罐 • 穿简易防化服 • 戴防化手套 • 穿防化安全靴

应急行动	**隔离与公共安全** 　泄漏：污染范围不明的情况下，初始隔离至少100m，下风向疏散至少500m。然后进行气体浓度检测，根据有害蒸气的实际浓度调整隔离、疏散距离 　火灾：火场内如有储罐、槽车或罐车，隔离800m。考虑撤离隔离区内的人员、物资 • 疏散无关人员并划定警戒区 • 在上风、上坡或上游处停留，切勿进入低洼处 • 进入密闭空间之前必须先通风

应急行动	泄漏处理 • 消除所有点火源(泄漏区附近禁止吸烟,消除所有明火、火花或火焰) • 使用防爆的通信工具 • 在确保安全的情况下,采用关阀、堵漏等措施,以切断泄漏源 • 作业时所有设备应接地 • 构筑围堤或挖沟槽收容泄漏物,防止进入水体、下水道、地下室或有限空间 • 用泡沫覆盖泄漏物,减少挥发 • 用砂土或其他不燃材料吸收泄漏物 • 如果储罐发生泄漏,可通过倒罐转移尚未泄漏的液体 水体泄漏 • 沿河两岸进行警戒,严禁取水、用水、捕捞等一切活动 • 在下游筑坝拦截污染水,同时在上游开渠引流,让清洁水绕过污染带 • 监测水体中污染物的浓度 • 如果已溶解,在浓度不低于10ppm的区域,用10倍于泄漏量的活性炭吸附污染物

应急行动	**火灾扑救** 　灭火剂：干粉、二氧化碳、雾状水、泡沫 　● 不得使用直流水扑救 　● 在确保安全的前提下，将容器移离火场 储罐、公路/铁路槽车火灾 　● 尽可能远距离灭火或使用遥控水枪扑救 　● 用大量水冷却容器，直至火灾扑灭 　● 容器突然发生异常声音或发生异常现象，立即撤离 　● 切勿在储罐两端停留 **急救** 　● 皮肤接触：脱去污染的衣着，用清水彻底冲洗皮肤。就医 　● 眼睛接触：提起眼睑，用流动清水或生理盐水冲洗。就医 　● 吸入：迅速脱离现场至空气新鲜处。保持呼吸道通畅。如呼吸困难，给输氧。呼吸、心跳停止，立即进行心肺复苏术。就医 　● 食入：饮水，禁止催吐。就医

18. 二硫化碳

CAS 号: 75-15-0

特别警示	★ 高度易燃, 其蒸气与空气混合, 能形成爆炸性混合物 ★ 有毒, 能损害神经和血管 ★ 高速冲击、流动、激荡后可因产生静电火花放电引起燃烧爆炸 ★ 注意: 闪点很低, 用水灭火无效 ★ 不得使用直流水扑救
化学式	分子式 CS_2: 结构式 $S=C=S$
危险性	危险性类别 • 易燃液体, 类别 2 • 急性毒性-经口, 类别 3 • 严重眼损伤/眼刺激, 类别 2 • 皮肤腐蚀/刺激, 类别 2 • 生殖毒性, 类别 2 • 特异性靶器官毒性-反复接触, 类别 1 • 危害水生环境-急性危害, 类别 2 • 象形图: • 警示词: 危险

危险货物分类

- 联合国危险货物编号(UN 号)：1131
- 联合国运输名称：二硫化碳
- 联合国危险性类别：3，6.1
- 包装类别：I

- 包装标志：

危险性

燃烧爆炸危险性

- 极易燃，蒸气能与空气形成范围广阔的爆炸性混合物，遇热、明火或氧化剂易引起燃烧、爆炸，产生有毒烟气
- 蒸气比空气重，能在较低处扩散到相当远的地方，遇火源会着火回燃
- 高速冲击、流动、激荡后可因产生静电火花放电引起燃烧爆炸

健康危害

- 职业接触限值：$PC-TWA$ 5mg/m³ (皮)；$PC-STEL$ 10mg/m³ (皮)
- $IDLH$：500ppm
- 急性毒性：大鼠经口 LD_{50}：1200mg/kg
- 急性轻度中毒表现为麻醉症状，重度中毒出现中毒性脑病，甚至呼吸衰竭死亡
- 皮肤接触二硫化碳可引起局部红斑，甚至大疱
- 慢性中毒表现有神经衰弱综合征，植物神经功能紊乱，中毒性脑病，中毒性神经病。眼底检查出现视网膜微动脉瘤

危险性	**环境影响** • 在很低的浓度下就能对水生生物造成危害 • 在土壤中具有中等强度的迁移性 • 易挥发，是有害的空气污染物 • 具有轻微的生物富集性 • 在碱性条件下，可水解生成二氧化碳和硫化氢
理化特性及用途	**理化特性** • 无色透明液体，有刺激性气味。易挥发。不溶于水。受热分解产生有毒的氧化硫烟气 • 沸点：46.3℃ • 相对密度：1.26 • 闪点：−30℃ • 爆炸极限：1.0%~60.0% **用途** • 用于生产黏胶纤维、玻璃纸、农药、橡胶助剂、浮选剂等，也用作溶剂、航空煤油添加剂
个体防护	• 佩戴正压式空气呼吸器 • 穿封闭式防化服

隔离与公共安全

泉漏：污染范围不明的情况下，初始隔离至少100m，下风向疏散至少500m，然后进行气体浓度检测，根据有害蒸气的实际浓度，调整隔离、疏散距离

火灾：火场内如有储罐、槽车或罐车，隔离800m。考虑撤离隔离区内的人员、物资

- 疏散无关人员并划定警戒区
- 在上风、上坡或上游处停留，切勿进入低洼处
- 进入密闭空间之前必须先通风

应急行动

泄漏处理

- 消除所有点火源(泄漏区附近禁止吸烟，消除所有明火、火花或火焰)
- 使用防爆的通信工具
- 在确保安全的情况下，采用关阀、堵漏等措施，以切断泄漏源
- 作业时所有设备应接地
- 构筑围堤或挖沟槽收容泄漏物，防止进入水体、下水道、地下室或有限空间
- 用泡沫覆盖泄漏物，减少挥发
- 用砂土或其他不燃材料吸收泄漏物
- 如果储罐发生泄漏，可通过倒罐转移尚未泄漏的液体

水体泄漏

- 沿河两岸进行警戒，严禁取水、用水、捕捞等一切活动
- 在下游筑坝拦截污染水，同时在上游开渠引流，让清洁水改走新河道
- 加入石灰(CaO)、石灰石($CaCO_3$)、碳酸氢钠($NaHCO_3$)中和污染物

応
急
行
动

火灾扑救

注意：闪点很低，用水灭火无效

灭火剂：干粉、二氧化碳、泡沫

- 在确保安全的前提下，将容器移离火场
- 筑堤收容消防污水以备处理，不得随意排放
- 不得使用直流水扑救

储罐、公路/铁路槽车火灾

- 尽可能远距离灭火或使用遥控水枪或水炮扑救
- 用大量水冷却容器，直至火灾扑灭
- 容器突然发出异常声音或发生异常现象，立即撤离
- 切勿在储罐两端停留

急救

- 皮肤接触：立即脱去污染的衣着，用大量流动清水冲洗 20~30min。就医
- 眼睛接触：提起眼睑，用流动清水或生理盐水冲洗。就医
- 吸入：迅速脱离现场至空气新鲜处。保持呼吸道通畅。如呼吸困难，给输氧。呼吸、心跳停止，立即进行心肺复苏术。就医
- 食入：饮足量温水，催吐。就医

19. 二氧化硫

别　名：亚硫酸酐　CAS号：7446-09-5

特别警示	★ 有毒，对眼及呼吸道黏膜有强烈的刺激作用
化学式	分子式 SO_2　结构式　 $O=S=O$
危险性	**危险性类别** • 加压气体 • 急性毒性–吸入，类别3 • 皮肤腐蚀/刺激，类别1B • 严重眼损伤/眼刺激，类别1 • 象形图： • 警示词：危险

危险性

危险货物分类
- 联合国危险货物编号（UN 号）：1079
- 联合国运输名称：二氧化硫
- 联合国危险性类别：2.3，8
- 包装类别：

- 包装标志：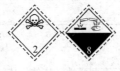

燃烧爆炸危险性
- 本品不燃
- 二氧化硫的乙醇或乙醚溶液在室温下接触氯酸钾即发生爆炸

健康危害
- 职业接触限值：$PC-TWA$ 5mg/m³；$PC-STEL$ 10mg/m³
- $IDLH$：100ppm
- 急性毒性：大鼠吸入 LC_{50}：6600mg/m³（1h）
- 对眼及呼吸道黏膜有强烈的刺激作用。重者发生支气管炎、肺炎、肺水肿，甚至呼吸中枢麻痹
- 吸入浓度高达 5240mg/m³ 时，立即引起喉痉挛、喉水肿，迅速死亡
- 液态二氧化硫可致皮肤和眼灼伤

危险性	**环境影响** • 该物质对大气有严重危害，由其形成的酸雨对植物的危害尤为严重 • 溶于水体后，会使 pH 值下降，在很低的浓度下就能对水生生物造成危害
理化特性及用途	**理化特性** • 无色有刺激性气味的气体。60℃以上与氯酸钾反应时，生成二氧化氯。遇水反应生成亚硫酸，具有腐蚀性。与碱性物质(氨气、胺、金属氢氧化物等)发生放热中和反应 • 沸点：−10℃ • 气体相对密度：2.25 **用途** • 用于生产三氧化硫、硫酸、亚硫酸盐、硫代硫酸盐。也用作冷冻剂、防腐剂、漂白剂、还原剂、熏蒸剂等。用于造纸、食品、纺织、皮革、染料、医药等工业
个体防护	• 佩戴正压式空气呼吸器 • 穿封闭式防化服

应急行动	**隔离与公共安全** 　泄漏：污染范围不明的情况下，初始隔离至少500m，下风向疏散至少1500m。然后进行气体浓度检测，根据有害气体的实际浓度，调整隔离、疏散距离 　火灾：火场内如有储罐、槽车或罐车，隔离1600m。考虑撤离隔离区内的人员、物资 ● 疏散无关人员并划定警戒区 ● 在上风、上坡或上游处停留，切勿进入低洼处 ● 气体比空气重，可沿地面扩散，并在低洼处或有限空间(如下水道、地下室等)聚集 ● 进入密闭空间之前必须先通风 **泄漏处理** ● 在确保安全的情况下，采用关阀、堵漏等措施，以切断泄漏源 ● 防止气体通过下水道、通风系统扩散或进入有限空间 ● 喷雾状水溶解、稀释漏出气 ● 隔离泄漏区直至气体散尽

应急行动	**火灾扑救** 　灭火剂：不燃。根据着火原因选择适当灭火剂灭火 　● 在确保安全的前提下，将容器移离火场 　● 禁止将水注入容器 　● 用大量水冷却容器，直至火灾扑灭 　● 钢瓶突然发出异常声音或发生异常现象，立即撤离 　● 毁损钢瓶由专业人员处理 **急救** 　● 皮肤接触：立即脱去污染的衣着，用大量流动清水冲洗。就医 　● 眼睛接触：提起眼睑，用流动清水或生理盐水冲洗。就医 　● 吸入：迅速脱离现场至空气新鲜处。保持呼吸道通畅。如呼吸困难，给输氧。呼吸、心跳停止，立即进行心肺复苏术。就医

20. 二氧化氯

别　名：氧化氯；过氧化氯　CAS 号：10049-04-4

特别警示	★ 有毒，具有强烈刺激性，吸入高浓度可发生肺水肿
	★ 受撞击、摩擦，遇明火或其他点火源极易爆炸
	★ 与可燃物混合会发生爆炸
	★ 禁止将水注入容器，避免发生剧烈反应

化学式	分子式 ClO_2　结构式

危险性	危险性类别 ● 氧化性气体，类别 1 ● 加压气体 ● 急性毒性-吸入，类别 2 * ● 皮肤腐蚀/刺激，类别 1B ● 严重眼损伤/眼刺激，类别 1 ● 特异性靶器官毒性——一次接触，类别 3（呼吸道刺激） ● 危害水生环境-急性危害，类别 1 ● 象形图： ● 警示词：危险

危
险
性

危险货物分类

(1)联合国危险货物编号(UN 号): 3306

● 联合国运输名称: 压缩气体, 毒性, 氧化性, 腐蚀性, 未另作规定的

● 联合国危险性类别: 2.3, 5.1/8

● 包装类别:

● 包装标志:

(2)联合国危险货物编号(UN 号): 3310

● 联合国运输名称: 液化气体, 毒性, 氧化性, 腐蚀性, 未另作规定的

● 联合国危险性类别: 2.3, 5.1/8

● 包装类别:

● 包装标志:

燃烧爆炸危险性

● 本品不燃, 可助燃

● 在空气中的二氧化氯浓度达到 10%, 即易发生爆炸

● 受热、撞击、光照或存在杂质时, 易发生分解而导致爆炸, 释放出剧毒的氯气

● 接触油品等易燃物会发生燃烧、爆炸

危险性	**健康危害** ● 职业接触限值：$PC\text{-}TWA$ 0.3mg/m³；$PC\text{-}STEL$ 0.8mg/m³ ● $IDLH$：5ppm ● 急性毒性：大鼠经口 LD_{50}：292mg/kg ● 具有强烈刺激性 ● 接触后主要引起眼和呼吸道刺激。吸入高浓度可发生肺水肿
	环境影响 ● 对水生生物有极强的毒性作用
理化特性及用途	**理化特性** ● 室温为赤黄色气体，有刺激性气味。液态时呈红棕色，固态为赤黄色晶体。溶于水同时水解为亚氯酸和氯酸 ● 沸点：10℃ ● 气体相对密度：2.4
	用途 ● 用作氧化剂、漂白剂、杀菌剂、脱臭剂
个体防护	● 佩戴正压式空气呼吸器 ● 穿封闭式防化服

应急行动

隔离与公共安全

泄漏：污染范围不明的情况下初始隔离至少500m，下风向疏散至少1500m。然后进行气体浓度检测，根据有害气体的实际浓度，调整隔离、疏散距离

火灾：火场内如有储罐、槽车或罐车，隔离800m。考虑撤离隔离区内的人员、物资

- 疏散无关人员并划定警戒区
- 在上风、上坡或上游处停留，切勿进入低洼处
- 进入密闭空间之前必须先通风

泄漏处理

- 远离易燃、可燃物(如木材、纸张、油品等)
- 未穿全身防护服时，禁止触及毁损容器或泄漏物
- 在确保安全的情况下，采用关阀、堵漏等措施，以切断泄漏源
- 喷雾状水改变蒸气云流向
- 防止泄漏物进入水体、下水道、地下室或有限空间
- 若发生大量泄漏，在专家指导下清除

应急行动	**火灾扑救** 　灭火剂：用大量水灭火 　● 尽可能远距离灭火或使用遥控水枪或水炮扑救大火 　● 切勿开动已处于火场中的货船或车辆 　● 禁止将水注入容器，避免发生剧烈反应 　● 用大量水冷却容器，直至火灾扑灭 　● 筑堤收容消防污水以备处理 **急救** 　● 皮肤接触：立即脱去污染的衣着，用流动清水冲洗。就医 　● 眼睛接触：立即提起眼睑，用大量流动清水或生理盐水彻底冲洗 10~15min。就医 　● 吸入：迅速脱离现场至空气新鲜处。保持呼吸道通畅。如呼吸困难，给输氧。呼吸、心跳停止，立即进行心肺复苏术。就医

21. 氟化氢

CAS 号：7664-39-3

<table>
<tr>
<td>特别警示</td>
<td>★ 有毒，对呼吸道黏膜及皮肤有强烈刺激和腐蚀作用，灼伤疼痛剧烈</td>
</tr>
<tr>
<td>化学式</td>
<td>分子式　HF　结构式　H—F</td>
</tr>
<tr>
<td>危险性</td>
<td>

危险性类别

- 急性毒性-经口，类别 2 *
- 急性毒性-经皮，类别 1
- 急性毒性-吸入，类别 2 *
- 皮肤腐蚀/刺激，类别 1A
- 严重眼损伤/眼刺激，类别 1

- 象形图：

- 警示词：危险

</td>
</tr>
</table>

<table>
<tr><td rowspan="5">危险性</td><td>

危险货物分类

- 联合国危险货物编号(UN 号)：1052
- 联合国运输名称：无水氟化氢
- 联合国危险性类别：8、6.1
- 包装类别：I
- 包装标志：

</td></tr>
<tr><td>

燃烧爆炸危险性

- 本品不燃

</td></tr>
<tr><td>

健康危害

- 职业接触限值：MAC 2mg/m³(按 F 计)
- $IDLH$：30ppm(按 F 计)
- 急性毒性：大鼠吸入 LC_{50}：1278ppm(1h)
- 有强烈的刺激和腐蚀作用
- 急性中毒可发生眼和上呼吸道刺激、支气管炎、肺炎，重者发生肺水肿。极高浓度时可发生反射性窒息。空气中浓度达到 400mg/m³ 时，可发生急性中毒致死
- 对皮肤和黏膜有强烈刺激和腐蚀作用，并可向深部组织渗透，有时可深达骨膜、骨质。较大面积灼伤时可经创面吸收，氟离子与钙离子结合，造成低血钙
- 眼接触可引起灼伤，重者失明

</td></tr>
</table>

危险性	环境影响
	• 在很低的浓度下就能对水生生物造成危害
	• 该物质对动植物危害很大，是有害的空气污染物

理化特性及用途	理化特性
	• 无色气体：有强刺激性气味。溶于水，生成氢氟酸并放出热量。能腐蚀玻璃以及其他含硅的物质，放出四氟化硅气体。与碱发生放热中和反应
	• 沸点：19.4℃
	• 气体相对密度：1.27（34℃）
	用途
	• 主要用作含氟化合物的原料。炼铝工业用于氟化铝和冰晶石的制造。电子工业用作半导体表面刻蚀。石油工业用作烷基化的催化剂

个体防护	
	• 佩戴正压式空气呼吸器
	• 穿内置式重型防化服

应急行动

隔离与公共安全

泄漏：污染范围不明的情况下，初始隔离至少500m，下风向疏散至少1500m。然后进行气体浓度检测，根据有害气体的实际浓度，调整隔离、疏散距离

火灾：火场内如有储罐、槽车或罐车，隔离1600m。考虑撤离隔离区内的人员、物资

- 疏散无关人员并划定警戒区
- 在上风、上坡或上游处停留，切勿进入低洼处
- 气体比空气重，可沿地面扩散，并在低洼处或有限空间(如下水道、地下室等)聚集
- 进入密闭空间之前必须先通风

泄漏处理

- 在确保安全的情况下，采用关阀、堵漏等措施，以切断泄漏源
- 防止气体通过下水道、通风系统扩散或进入有限空间
- 喷雾状水溶解、稀释漏出气，禁止用水直接冲击泄漏物或泄漏源
- 隔离泄漏区直至气体散尽

火灾扑救

　灭火剂：不燃。根据着火原因选择适当灭火剂灭火

- 在确保安全的前提下，将容器移离火场
- 用大量水冷却容器，直至火灾扑灭
- 容器突然发出异常声音或发生异常现象，立即撤离
- 毁损钢瓶由专业人员处置

应急行动

急救

- 皮肤接触：立即脱去污染的衣着，用大量流动清水冲洗，继用 2%～5% 碳酸氢钠冲洗，后用 10% 氯化钙液湿敷。就医
- 眼睛接触：立即提起眼睑，用大量流动清水或生理盐水、3% 碳酸氢钠、氯化镁彻底冲洗 10～15min。就医
- 吸入：迅速脱离现场至空气新鲜处。保持呼吸道通畅。如呼吸困难，给输氧。呼吸、心跳停止，立即进行心肺复苏术。就医
- 食入：用水漱口，给饮牛奶或蛋清。可口服乳酸钙或石灰与水或牛奶混合溶液。就医

22. 光气

别　名：碳酰氯　CAS 号：75-44-5

特别警示	★ 剧毒，吸入可致死 ★ 高浓度泄漏区，喷氨水或其他稀碱液中和
化学式	分子式　CCl_2O　结构式
危险性	危险性类别 　● 加压气体 　● 急性毒性-吸入，类别 1 　● 皮肤腐蚀/刺激，类别 1B 　● 严重眼损伤/眼刺激，类别 1 　● 象形图： 　● 警示词：危险

危险性

危险货物分类

- 联合国危险货物编号(UN 号)：1076
- 联合国运输名称：光气
- 联合国危险性类别：2.3, 8
- 包装类别：
- 包装标志：

燃烧爆炸危险性

- 本品不燃

健康危害

- 职业接触限值：MAC 0.5mg/m³
- $IDLH$：2ppm
- 急性毒性：大鼠吸入 LC_{50}：1400mg/m³(30min)
- 剧毒化学品。主要引起呼吸系统损害
- 急性中毒初期为眼和上呼吸道刺激症状，一般经 3~48h 潜伏期后出现肺水肿
- 光气浓度在 30~50mg/m³ 时，即可引起中毒；100~300mg/m³时，接触 15~30min 可引起严重中毒，甚至死亡
- 液态光气溅入眼内可引起灼伤

环境影响

- 在土壤中具有很强的迁移性
- 在空气中稳定，是有害的空气污染物

理化特性及用途	**理化特性** • 无色至淡黄色气体，有强烈刺激性气味。易液化。微溶于水，并逐渐水解。潮湿空气中会发生水解反应，生成腐蚀性的氢氯酸 • 沸点：8.2℃ • 气体相对密度：3.5
	用途 • 广泛用于农药、医药、染料等工业作合成原料。亦用于制取高分子材料，如聚氨酯、聚碳酸酯等
个体防护	• 佩戴正压式空气呼吸器 • 穿内置式重型防化服
应急行动	**隔离与公共安全** 泄漏：污染范围不明的情况下，初始隔离至少500m，下风向疏散至少1500m。然后进行气体浓度检测，根据有害气体的实际浓度，调整隔离、疏散距离 火灾：火场内如有储罐、槽车或罐车，隔离1600m。考虑撤离隔离区内的人员、物资 • 疏散无关人员并划定警戒区 • 在上风、上坡或上游处停留，切勿进入低洼处 • 气体比空气重，可沿地面扩散，并在低洼处或有限空间(如下水道、地下室等)聚集 • 进入密闭空间之前必须先通风

<table>
<tr>
<td rowspan="3">应急行动</td>
<td>

泄漏处理

- 在确保安全的情况下，采用关阀、堵漏等措施，以切断泄漏源
- 防止气体通过下水道、通风系统扩散或进入有限空间
- 喷雾状水溶解、稀释漏出气
- 高浓度泄漏区，喷氨水或其他稀碱液中和
- 隔离泄漏区直至气体散尽

</td>
</tr>
<tr>
<td>

火灾扑救

灭火剂：不燃。根据着火原因选择适当灭火剂灭火

- 反应装置应设有事故状态下的紧急停车系统和紧急破坏处理系统
- 立即将发生事故设备内的剧毒物料导入安全区域内的事故槽内
- 用大量水冷却装置、管道或容器，直至火灾扑灭
- 禁止将水注入容器
- 毁损容器由专业人员处置

</td>
</tr>
<tr>
<td>

急救

- 皮肤接触：用流动清水冲洗
- 眼睛接触：提起眼睑，用流动清水或生理盐水冲洗。就医
- 吸入：迅速脱离现场至空气新鲜处。保持呼吸道通畅。如呼吸困难，给输氧。呼吸、心跳停止，立即进行心肺复苏术。就医。注意防治肺水肿

</td>
</tr>
</table>

23. 过硫酸铵

别　名：高硫酸铵；过二硫酸铵　CAS 号：7727-54-0

特别警示	★ 受高热或撞击时易爆炸 ★ 严禁与易燃物、可燃物接触
化学式	分子式 $(NH_4)_2S_2O_8$ 结构式 $$OH = \overset{O}{\underset{O^- \cdot 2NH_3}{\overset{\|}{S}}} - O - O - \overset{O}{\underset{O}{\overset{\|}{S}}} = OH$$
危险性	危险性类别 • 氧化性固体，类别 3 • 皮肤腐蚀/刺激，类别 2 • 严重眼损伤/眼刺激，类别 2 • 呼吸道致敏物，类别 1 • 皮肤致敏物，类别 1 • 特异性靶器官毒性——次接触，类别 3(呼吸道刺激) • 象形图： • 警示词：危险

<table>
<tr>
<td rowspan="4">危险性</td>
<td>

危险货物分类

- 联合国危险货物编号（UN 号）：1444
- 联合国运输名称：过硫酸铵
- 联合国危险性类别：5.1
- 包装类别：Ⅲ

- 包装标志：

</td>
</tr>
<tr>
<td>

燃烧爆炸危险性

- 本品不燃，可助燃
- 受高热或撞击时易爆炸
- 与油品等易燃物、可燃物接触，会发生自燃

健康危害

- 急性毒性：大鼠经口 LD_{50}：689mg/kg
- 吸入对呼吸道有刺激性，出现咽喉痛、咳嗽和呼吸困难
- 对眼和皮肤有刺激性

</td>
</tr>
<tr>
<td>

环境影响

- 水体中浓度较高时，对水生生物有害

</td>
</tr>
</table>

<table>
<tr>
<td rowspan="2">理化特性及用途</td>
<td>

理化特性

- 无色单斜结晶或白色结晶性粉末，有时略带浅绿色。有潮解性。易溶于水，水溶液呈酸性。120℃分解
- 相对密度：1.98

</td>
</tr>
<tr>
<td>

用途

- 用作制造双氧水和过硫酸盐的原料，高分子聚合时的助聚剂，乙烯衍生物单体聚合的引发剂，小麦粉改质剂，油脂和肥皂的漂白剂

</td>
</tr>
</table>

个体防护	<ul><li>佩戴防尘面罩</li><li>穿简易防化服</li><li>戴防化手套</li><li>穿防化安全靴</li></ul>
应急行动	**隔离与公共安全** 　泄漏：污染范围不明的情况下，初始隔离至少25m，下风向疏散至少100m 　火灾：火场内如有储罐、槽车或罐车，隔离800m。考虑撤离隔离区内的人员、物资 <ul><li>疏散无关人员并划定警戒区</li><li>在上风、上坡或上游处停留，切勿进入低洼处</li></ul> **泄漏处理** <ul><li>远离易燃、可燃物(如木材、纸张、油品等)</li><li>未穿全身防护服时，禁止触及毁损容器或泄漏物</li><li>在确保安全的情况下，采用关阀、堵漏等措施，以切断泄漏源</li><li>用洁净的铲子收集泄漏物</li></ul>

	火灾扑救
应急行动	灭火剂：不燃。根据着火原因选择适当灭火剂灭火 • 在确保安全的前提下，将容器移离火场 • 切勿开动已处于火场中的货船或车辆 • 尽可能远距离灭火或使用遥控水枪或水炮扑救 • 用大量水冷却容器，直至火灾扑灭 急救 • 皮肤接触：立即脱去污染的衣着，用大量流动清水冲洗。就医 • 眼睛接触：立即提起眼睑，用大量流动清水或生理盐水彻底冲洗 10~15min。就医 • 吸入：迅速脱离现场至空气新鲜处。保持呼吸道通畅。如呼吸困难，给输氧。呼吸、心跳停止，立即进行心肺复苏术。就医 • 食入：用水漱口，给饮牛奶或蛋清。就医

24. 过氧化苯甲酰

别　名：过氧化二苯甲酰；过氧化苯酰；引发剂 BPO
CAS 号：94-36-0

特别警示	★ 有强烈刺激及致敏作用 ★ 易燃。受撞击、摩擦，遇明火或其他点火源极易爆炸 ★ 严禁与易燃物、可燃物接触
化学式	分子式　$C_{14}H_{10}O_4$ 结构式
危险性	危险性类别 ● 有机过氧化物，B 型（根据添加的稀释剂不同分类不同） ● 严重眼损伤/眼刺激，类别 2 ● 皮肤致敏物，类别 1 ● 危害水生环境-急性危害，类别 1 ● 象形图： ● 警示词：危险

危险性	危险货物分类 • 联合国危险货物编号（UN 号）：3102 • 联合国运输名称：固态 B 型有机过氧化物 • 联合国危险性类别：5.2 • 包装类别： • 包装标志：
理化特性及用途	燃烧爆炸危险性 • 易燃 • 对撞击、摩擦较敏感，加热时会剧烈分解，引起燃烧爆炸
	健康危害 • 职业接触限值：$PC-TWA$ 5mg/m^3 • $IDLH$：1500mg/m^3 • 急性毒性：大鼠经口 LD_{50}：6400mg/kg • 本品对上呼吸道有刺激性 • 对皮肤有强烈刺激及致敏作用。进入眼内可造成损害
	环境影响 • 具有很强的生物富集性 • 易被生物降解
	理化特性 • 白色结晶性粉末，稍有气味。不溶于水。痕量的金属离子杂质会导致其快速分解 • 熔点：103~105℃ • 相对密度：1.33

理化特性及用途	**用途** ● 用作丙烯酸酯类、醋酸乙烯、苯乙烯等的聚合引发剂，也可作为不饱和聚酯的固化剂、橡胶硫化剂、面粉漂白剂、植物油脱色剂等
个体防护	● 佩戴防尘面罩 ● 穿简易防化服 ● 戴防化手套 ● 穿防化安全靴
应急行动	**隔离与公共安全** 　泄漏：污染范围不明的情况下，初始隔离至少25m，下风向疏散至少100m 　火灾：火场内如有储罐、槽车或罐车，隔离800m。考虑撤离隔离区内的人员、物资 ● 疏散无关人员并划定警戒区 ● 在上风、上坡或上游处停留，切勿进入低洼处 **泄漏处理** ● 消除所有点火源(泄漏区附近禁止吸烟，消除所有明火、火花或火焰) ● 远离易燃、可燃物(如木材、纸张、油品等) ● 未穿全身防护服时，禁止触及毁损容器或泄漏物

- 在确保安全的情况下，采用关阀、堵漏等措施，以切断泄漏源
- 用雾状水保持泄漏物湿润。筑堤收容，防止其进入水体、下水道、地下室或有限空间
- 用惰性、潮湿的不燃材料吸收泄漏物
- 小量泄漏，用洁净的非火花工具收集泄漏物
- 若发生大量泄漏，在专家指导下清除

火灾扑救

灭火剂：水、雾状水、抗溶性泡沫、二氧化碳

- 尽可能远距离灭火或使用遥控水枪或水炮扑救
- 切勿开动已处于火场中的货船或车辆
- 在确保安全的前提下，将容器移离火场
- 用大量水冷却容器，直至火灾扑灭

急救

- 皮肤接触：立即脱去污染的衣着，用大量流动清水冲洗 20~30min。就医
- 眼睛接触：立即提起眼睑，用大量流动清水或生理盐水彻底冲洗 10~15min。就医
- 吸入：迅速脱离现场至空气新鲜处。保持呼吸道通畅。如呼吸困难，给输氧。呼吸、心跳停止，立即进行心肺复苏术。就医
- 食入：饮足量温水，催吐。就医

（应急行动）

25. 过氧化环己酮

别　名：1-过氧化氢环己基；1-羟基-1′-过氧化氢二环己基过氧化物　CAS 号：78-18-2

特别警示	★ 干燥状态下极易分解和燃烧爆炸，对撞击、摩擦较敏感，加热后能产生爆炸着火 ★ 严禁与易燃物、可燃物接触
化学式	分子式　$C_{12}H_{22}O_5$　结构式　 HO—O
危险性	危险性类别 ● 有机过氧化物，C 型（根据添加的稀释剂不同分类不同） ● 皮肤腐蚀/刺激，类别 1 ● 严重眼损伤/眼刺激，类别 1 ● 特异性靶器官毒性——一次接触，类别 3（呼吸道刺激） ● 象形图： ● 警示词：危险

	危险货物分类 • 联合国危险货物编号（UN 号）：3104 • 联合国运输名称：固态 C 型有机过氧化物 • 联合国危险性类别：5.2 • 包装类别： • 包装标志：
危 险 性	**燃烧爆炸危险性** • 易燃 • 对撞击、摩擦较敏感，加热时会剧烈分解，引起燃烧爆炸
	健康危害 • 急性毒性：小鼠非经口 LD_{50}：2000mg/kg • 对眼睛和上呼吸道有刺激作用。对皮肤有刺激性和致敏性
	环境影响 • 对水生环境有害 • 易被生物降解
理 化 特 性 及 用 途	**理化特性** • 白色及淡黄色针状结晶或粉末。痕量的金属离子杂质会导致其快速分解 • 熔点：76~80℃
	用途 • 用作橡胶、塑料合成中的交联剂和引发剂等

个体防护	<ul><li>佩戴防尘面罩</li><li>穿简易防化服</li><li>戴防化手套</li><li>穿防化安全靴</li></ul>
应急行动	**隔离与公共安全** 泄漏：污染范围不明的情况下，初始隔离至少25m，下风向疏散至少100m 火灾：火场内如有储罐、槽车或罐车，隔离800m。考虑撤离隔离区内的人员、物资 <ul><li>疏散无关人员并划定警戒区</li><li>在上风、上坡或上游处停留</li></ul> **泄漏处理** <ul><li>消除所有点火源(泄漏区附近禁止吸烟，消除所有明火、火花或火焰)</li><li>远离易燃、可燃物(如木材、纸张、油品等)</li><li>未穿全身防护服时，禁止触及毁损容器或泄漏物</li><li>在确保安全的情况下，采用关阀、堵漏等措施，必切断泄漏源</li><li>用雾状水保持泄漏物湿润。筑堤收容，防止其进入水体、下水道、地下室或有限空间</li><li>小量泄漏，用洁净的非火花工具收集泄漏物</li><li>若发生大量泄漏，在专家指导下清除</li></ul>

应急行动	**火灾扑救** 灭火剂：水、雾状水、抗溶性泡沫、二氧化碳 ● 尽可能远距离灭火或使用遥控水枪或水炮扑救 ● 切勿开动已处于火场中的货船或车辆 ● 在确保安全的前提下，将容器移离火场 ● 用大量水冷却容器，直至火灾扑灭 **急救** ● 皮肤接触：立即脱去污染的衣着，用大量流动清水冲洗。就医 ● 眼睛接触：立即提起眼睑，用大量流动清水或生理盐水彻底冲洗 10~15min。就医 ● 吸入：迅速脱离现场至空气新鲜处。保持呼吸道通畅。如呼吸困难，给输氧。呼吸、心跳停止，立即进行心肺复苏术。就医 ● 食入：饮水，催吐。就医

26. 过氧化氢

别 名：双氧水　CAS 号：7722-84-1

特别警示	★ 蒸气或雾对呼吸道有强烈刺激性；眼直接接触液体可致不可逆损伤甚至失明 ★ 与可燃物混合能形成爆炸性混合物 ★ 在有限空间中加热有爆炸危险
化学式	分子式　H_2O_2　结构式　HO—OH
危险性	危险性类别 　(1) 含量≥60% 　● 氧化性液体，类别 1 　● 皮肤腐蚀/刺激，类别 1A 　● 严重眼损伤/眼刺激，类别 1 　● 特异性靶器官毒性――一次接触，类别 3(呼吸道刺激) 　(2) 20%≤含量<60% 　● 氧化性液体，类别 2 　● 皮肤腐蚀/刺激，类别 1A 　● 严重眼损伤/眼刺激，类别 1 　● 特异性靶器官毒性――一次接触，类别 3(呼吸道刺激) 　(3) 8%≤含量<20% 　● 氧化性液体，类别 3 　● 皮肤腐蚀/刺激，类别 1A 　● 严重眼损伤/眼刺激，类别 1

- 特异性靶器官毒性——次接触，类别3(呼吸道刺激)

- 象形图：

- 警示词：危险

危险货物分类

(1) 联合国危险货物编号(UN号)：2014

- 联合国运输名称：过氧化氢水溶液，过氧化氢含量不低于20%，但不超过60%(必要时加稳定剂)

- 联合国危险性类别：5.1，8

- 包装类别：Ⅱ

- 包装标志：

(2) 联合国危险货物编号(UN号)：2015

- 联合国运输名称：过氧化氢，稳定的或过氧化氢水溶液，稳定的，过氧化氢含量高于60%

- 联合国危险性类别：5.1，8

- 包装类别：Ⅰ

- 包装标志：

(3) 联合国危险货物编号(UN号)：2984

- 联合国运输名称：过氧化氢水溶液、过氧化氢含量不低于8%，但不高于20%(必要时加稳定剂)

- 联合国危险性类别：5.1

- 包装类别：Ⅲ

- 包装标志：

燃烧爆炸危险性

- 本品不燃，可助燃
- 浓过氧化氢溶液受撞击、高温、光照，易发生爆炸
- 遇强光，特别是短波射线照射时易发生分解
- 浓度超过 74% 的过氧化氢，在具有适当点火源或温度的密闭容器中，能发生气相爆炸

危险性

健康危害

- 职业接触限值：$PC\text{-}TWA$ 1.5mg/m^3
- $IDLH$：75ppm
- 急性毒性：大鼠经口 LD_{50}：376mg/kg（H_2O_2 90%）；大鼠经皮 LD_{50}：4060mg/kg（H_2O_2 90%）
- 蒸气或雾对眼和呼吸道有刺激性
- 眼直接接触液体可致灼伤。误服可发生胃扩张，腐蚀性胃炎

环境影响

- 对水环境可能有害

理化特性及用途

理化特性

- 无色透明液体，有微弱的特殊气味。工业品分为 27.5%、35.0% 和 50.0% 三种规格。溶于水
- 熔点：-0.43℃
- 沸点：150.2℃
- 相对密度：1.46

理化特性及用途	**用途** ● 用于化学工业、纺织工业、造纸工业、医药和环境保护等。可用作氧化剂、漂白剂、消毒剂、脱氯剂，还用于制造火箭燃料、有机或无机过氧化物、泡沫塑料等
个体防护	● 佩戴全防型滤毒罐 ● 穿封闭式防化服
应急行动	**隔离与公共安全** 　泄漏：污染范围不明的情况下，初始隔离至少300m，下风向疏散至少1000m。然后进行气体浓度检测，根据有害蒸气的实际浓度，调整隔离、疏散距离 　火灾：火场内如有储罐、槽车或罐车，隔离800m。考虑撤离隔离区内的人员、物资 ● 疏散无关人员并划定警戒区 ● 在上风、上坡或上游处停留，切勿进入低洼处 ● 进入密闭空间之前必须先通风 **泄漏处理** ● 远离易燃、可燃物(如木材、纸张、油品等) ● 未穿封闭式防化服时，禁止触及毁损容器或泄漏物

- 在确保安全的情况下，采用关阀、堵漏等措施，以切断泄漏源
- 筑堤或挖沟槽收容泄漏物，防止其进入水体、下水道、地下室或有限空间
- 小量泄漏，用大量水冲洗
- 若发生大量泄漏，在专家指导下清除

火灾扑救

灭火剂：用大量水灭火

- 尽可能远距离灭火或使用遥控水枪或水炮扑救
- 切勿开动已处于火场中的货船或车辆
- 在确保安全的前提下，将容器移离火场
- 用大量水冷却容器，直至火灾扑灭

急救

- 皮肤接触：立即脱去污染的衣着，用大量流动清水冲洗 20~30min。就医
- 眼睛接触：立即提起眼睑，用大量流动清水或生理盐水彻底冲洗 10~15min。就医
- 吸入：迅速脱离现场至空气新鲜处。保持呼吸道通畅。如呼吸困难，给输氧。呼吸、心跳停止，立即进行心肺复苏术。就医
- 食入：饮水，禁止催吐。就医

应急行动

27. 过氧乙酸

别　名: 过乙酸; 乙酰过氧化氢　　CAS 号: 79-21-0

特别警示	★ 有腐蚀性 ★ 易燃。受撞击、摩擦, 遇明火或其他点火源极易爆炸 ★ 严禁与易燃物、可燃物接触
化学式	分子式　$C_2H_4O_3$　结构式　
危险性	危险性类别 • 易燃液体, 类别 3 • 有机过氧化物, D 型(根据添加的稀释剂不同分类不同) • 皮肤腐蚀/刺激, 类别 1A • 严重眼损伤/眼刺激, 类别 1 • 特异性靶器官毒性--一次接触, 类别 3(呼吸道刺激) • 危害水生环境-急性危害, 类别 1 • 象形图: ![pictograms] • 警示词: 危险

<table>
<tr><td rowspan="4">危险性</td><td>

危险货物分类

- 联合国危险货物编号(UN 号)：3105
- 联合国运输名称：液态 D 型有机过氧化物
- 联合国危险性类别：5.2
- 包装类别：
- 包装标志：

</td></tr>
<tr><td>

燃烧爆炸危险性

- 易燃
- 受热、撞击易发生分解，甚至导致爆炸

</td></tr>
<tr><td>

健康危害

- 急性毒性：大鼠经口 LD_{50}：1771mg/kg；兔经皮 LD_{50}：1622mg/kg
- 对皮肤、眼和上呼吸道有刺激性
- 口服引起胃肠道刺激，可发生休克和肺水肿

</td></tr>
<tr><td>

环境影响

- 对水生生物有很强的毒性作用
- 在土壤中具有很强的迁移性
- 易被生物降解

</td></tr>
</table>

理化特性及用途	**理化特性** • 无色液体。有难闻气味。易溶于水。温度高于110℃时，即会发生剧烈分解 • 熔点：0.1℃ • 沸点：105℃ • 相对密度：1.15(20℃) • 闪点：40.5℃(开杯) **用途** • 用作纺织品、纸张、油脂、石蜡和淀粉的漂白剂，医药中的杀菌剂。在有机合成中用作氧化剂和环氧化剂。也用于饮用水和食品的消毒
个体防护	• 佩戴全防型滤毒罐 • 穿封闭式防化服
应急行动	**隔离与公共安全** 泄漏：污染范围不明的情况下，初始隔离至少100m，下风向疏散至少500m。然后进行气体浓度检测，根据有害蒸气的实际浓度，调整隔离、疏散距离 火灾：火场内如有储罐、槽车或罐车，隔离800m。考虑撤离隔离区内的人员、物资 • 疏散无关人员并划定警戒区 • 在上风、上坡或上游处停留，切勿进入低洼处

应急行动

泄漏处理

- 消除所有点火源(泄漏区附近禁止吸烟,消除所有明火、火花或火焰)
- 远离易燃、可燃物(如木材、纸张、油品等)
- 未穿全身防护服时,禁止触及毁损容器或泄漏物
- 在确保安全的情况下,采用关阀、堵漏等措施,以切断泄漏源
- 筑堤或挖沟槽收容泄漏物,防止进入水体、下水道、地下室或有限空间
- 用惰性、湿润的不燃材料吸收泄漏物
- 若发生大量泄漏,在专家指导下清除

火灾扑救

灭火剂:水、雾状水、抗溶性泡沫、二氧化碳

- 尽可能远距离灭火或使用遥控水枪或水炮扑救
- 切勿开动已处于火场中的货船或车辆
- 在确保安全的前提下,将容器移离火场
- 用大量水冷却容器,直至火灾扑灭

急救

- 皮肤接触:立即脱去污染的衣着,用大量流动清水冲洗 20~30min。就医
- 眼睛接触:立即提起眼睑,用大量流动清水或生理盐水彻底冲洗 10~15min。就医
- 吸入:迅速脱离现场至空气新鲜处。保持呼吸道通畅。如呼吸困难,给输氧。呼吸、心跳停止,立即进行心肺复苏术。就医
- 食入:饮水,禁止催吐。就医

28. 环己胺

别　名: 六氢化苯胺; 氨基环己烷　CAS 号: **108-91-8**

特别警示	★ 有腐蚀性 ★ 易燃, 其蒸气与空气混合, 能形成爆炸性混合物
化学式	分子式　$C_6H_{13}N$　结构式　H_2N- 
危险性	**危险性类别** • 易燃液体, 类别 3 • 皮肤腐蚀/刺激, 类别 1B • 严重眼损伤/眼刺激, 类别 1 • 生殖毒性, 类别 2 • 象形图: • 警示词: 危险 **危险货物分类** • 联合国危险货物编号(UN 号): 2357 • 联合国运输名称: 环己胺 • 联合国危险性类别: 8, 3 • 包装类别: Ⅱ • 包装标志:

危险性	燃烧爆炸危险性
	• 易燃,产生有毒烟气
	• 蒸气比空气重,能在较低处扩散到相当远的地方,遇火源会着火回燃
	健康危害
	• 职业接触限值:$PC-TWA$ 10mg/m³;$PC-STEL$ 20mg/m³
	• 急性毒性:大鼠经口 LD_{50}:156mg/kg;兔经皮 LD_{50}:227mg/kg;大鼠吸入 LC_{50}:7500mg/m³
	• 高浓度蒸气对眼和上呼吸道有刺激性
	• 急性中毒可出现眩晕、烦躁、忧虑、恶心、言语不清、呕吐及瞳孔散大
	• 液体对皮肤有刺激性和致敏性
	环境影响
	• 在土壤中具有很强的迁移性
	• 对水环境可能有害
	• 低浓度时,易被生物降解;高浓度时,会造成微生物中毒,而不易被降解
理化特性及用途	理化特性
	• 无色或浅黄色透明液体,有强烈鱼腥味。与水混溶。受热分解释放出有毒的氧化氮烟气。与酸发生放热中和反应
	• 沸点:134.5℃
	• 相对密度:0.8627(25℃)
	• 闪点:31℃
	• 爆炸极限:0.5%~21.7%

理化特性及用途	**用途** 　● 主要用于制橡胶硫化促进剂和甜蜜素，也用于制乳化剂、抗静电剂、金属缓蚀剂、塑料、纺织品用化学助剂、石油产品添加剂以及杀虫剂、杀菌剂等
个体防护	● 佩戴全防型滤毒罐 　● 穿封闭式防化服
应急行动	**隔离与公共安全** 　泄漏：污染范围不明的情况下，初始隔离至少50m，下风向疏散至少300m。然后进行气体浓度检测，根据有害蒸气的实际浓度，调整隔离、疏散距离 　火灾：火场内如有储罐、槽车或罐车，隔离800m。考虑撤离隔离区内的人员、物资 　● 疏散无关人员并划定警戒区 　● 在上风、上坡或上游处停留，切勿进入低洼处 　● 进入密闭空间之前必须先通风 **泄漏处理** 　● 消除所有点火源(泄漏区附近禁止吸烟，消除所有明火、火花或火焰) 　● 使用防爆的通信工具

	• 作业时所有设备应接地
	• 禁止接触或跨越泄漏物
	• 在确保安全的情况下，采用关阀、堵漏等措施，以切断泄漏源
	• 构筑围堤或挖沟槽收容泄漏物，防止进入水体、下水道、地下室或有限空间
	• 用抗溶性泡沫覆盖泄漏物，减少挥发
	• 用砂土或其他不燃材料吸收泄漏物
应急行动	**火灾扑救** 灭火剂：干粉、二氧化碳、雾状水、抗溶性泡沫 • 在确保安全的前提下，将容器移离火场 • 筑堤收容消防污水以备处理，不得随意排放 储罐、公路/铁路槽车火灾 • 用大量水冷却容器，直至火灾扑灭 • 容器突然发出异常声音或发生异常现象，立即撤离 • 切勿在储罐两端停留
	急救 • 皮肤接触：立即脱去污染的衣着，用大量流动清水冲洗 20~30min。就医 • 眼睛接触：立即提起眼睑，用大量流动清水或生理盐水彻底冲洗 10~15min。就医 • 吸入：迅速脱离现场至空气新鲜处。保持呼吸道通畅。如呼吸困难，给输氧。呼吸、心跳停止，立即进行心肺复苏术。就医 • 食入：饮水，禁止催吐。就医

29. 环己酮

CAS 号：**108-94-1**

特别警示	★ 易燃，其蒸气与空气混合，能形成爆炸性混合物 ★ 不得使用直流水扑救
化学式	分子式 $C_6H_{10}N$　结构式　O
危险性	危险性类别 • 易燃液体，类别 3 • 象形图： • 警示词：警告 危险货物分类 • 联合国危险货物编号(UN 号)：1915 • 联合国运输名称：环己酮 • 联合国危险性类别：3 • 包装类别：Ⅲ • 包装标志：

<table>
<tr>
<td rowspan="3">危险性</td>
<td>燃烧爆炸危险性</td>
</tr>
<tr>
<td>

- 易燃，蒸气与空气可形成爆炸性混合物，遇明火、高热能引起燃烧爆炸
- 蒸气比空气重，能在较低处扩散到相当远的地方，遇火源会着火回燃

</td>
</tr>
<tr>
<td>

健康危害

- 职业接触限值：$PC-TWA$ 50mg/m³（皮）
- $IDLH$：700ppm
- 急性毒性：大鼠经口 LD_{50}：1539mg/kg；兔经皮 LD_{50}：950mg/kg；大鼠吸入 LC_{50}：38000ppm（4h）
- 过量接触蒸气后，可引起眼和上呼吸道刺激症状，并可有头晕和中枢神经系统抑制表现
- 口服引起中毒，重者致肝、肾功能衰竭

环境影响

- 在土壤中具有很强的迁移性
- 对水环境可能有害
- 易被生物降解

</td>
</tr>
</table>

危险性	燃烧爆炸危险性
	● 易燃，蒸气与空气可形成爆炸性混合物，遇明火、高热能引起燃烧爆炸 ● 蒸气比空气重，能在较低处扩散到相当远的地方，遇火源会着火回燃
	健康危害 ● 职业接触限值：$PC-TWA$ 50mg/m³（皮） ● $IDLH$：700ppm ● 急性毒性：大鼠经口 LD_{50}：1539mg/kg；兔经皮 LD_{50}：950mg/kg；大鼠吸入 LC_{50}：38000ppm（4h） ● 过量接触蒸气后，可引起眼和上呼吸道刺激症状，并可有头晕和中枢神经系统抑制表现 ● 口服引起中毒，重者致肝、肾功能衰竭
	环境影响 ● 在土壤中具有很强的迁移性 ● 对水环境可能有害 ● 易被生物降解
理化特性及用途	**理化特性** ● 无色透明液体，有丙酮气味，含有痕量酚时有薄荷气味。在冷水中溶解度大于热水 ● 熔点：−164℃ ● 沸点：155.6℃ ● 相对密度：0.95 ● 闪点：43℃ ● 爆炸极限：1.1%~9.4%
	用途 ● 是生产己内酰胺和己二酸的主要原料，并用作油漆、油墨、纤维素、合成树脂、合成橡胶的溶剂和稀释剂

个体防护	<ul><li>佩戴全防型滤毒罐</li><li>穿简易防化服</li><li>戴防化手套</li><li>穿防化安全靴</li></ul>
应急行动	**隔离与公共安全** 泄漏：污染范围不明的情况下，初始隔离至少100m，下风向疏散至少500m。然后进行气体浓度检测，根据有害蒸气的实际浓度，调整隔离、疏散距离 火灾：火场内如有储罐、槽车或罐车，隔离800m。考虑撤离隔离区内的人员、物资<ul><li>疏散无关人员并划定警戒区</li><li>在上风、上坡或上游处停留，切勿进入低洼处</li><li>进入密闭空间之前必须先通风</li></ul>**泄漏处理**<ul><li>消除所有点火源(泄漏区附近禁止吸烟，消除所有明火、火花或火焰)</li><li>使用防爆的通信工具</li><li>在确保安全的情况下，采用关阀、堵漏等措施，以切断泄漏源</li><li>作业时所有设备应接地</li><li>构筑围堤或挖沟槽收容泄漏物，防止进入水体、下水道、地下室或有限空间</li><li>用抗溶性泡沫覆盖泄漏物，减少挥发</li><li>用砂土或其他不燃材料吸收泄漏物</li><li>如果储罐发生泄漏，可通过倒罐转移尚未泄漏的液体</li></ul>

应急行动

水体泄漏

- 沿河两岸进行警戒，严禁取水、用水、捕捞等一切活动
- 在下游筑坝拦截污染水，同时在上游开渠引流，让清洁水绕过污染带
- 监测水体中污染物的浓度
- 如果已溶解，在浓度不低于 10ppm 的区域，用 10 倍于泄漏量的活性炭吸附污染物

火灾扑救

灭火剂：干粉、二氧化碳、雾状水、抗溶性泡沫

- 不得使用直流水扑救
- 在确保安全的前提下，将容器移离火场

储罐、公路/铁路槽车火灾

- 用大量水冷却容器，直至火灾扑灭
- 容器突然发出异常声音或发生异常现象，立即撤离
- 切勿在储罐两端停留

急救

- 皮肤接触：立即脱去污染的衣着，用大量流动清水冲洗 20~30min。就医
- 眼睛接触：立即提起眼睑，用大量流动清水或生理盐水彻底冲洗 10~15min。就医
- 吸入：迅速脱离现场至空气新鲜处。保持呼吸道通畅。如呼吸困难，给输氧。呼吸、心跳停止，立即进行心肺复苏术。就医
- 食入：用水漱口，给饮牛奶或蛋清。就医

30. 环氧丙烷

别 名：氧化丙烯　CAS号：**75-56-9**

特别警示	★ **高度易燃，其蒸气与空气混合，能形成爆炸性混合物**
化学式	分子式　C_3H_6O　结构式
危险性	危险性类别 ● 易燃液体，类别1 ● 皮肤腐蚀/刺激，类别2 ● 严重眼损伤/眼刺激，类别2 ● 生殖细胞致突变性，类别1B ● 致癌性，类别2 ● 特异性靶器官毒性——次接触，类别3(呼吸道刺激) ● 象形图： ● 警示词：危险 危险货物分类 ● 联合国危险货物编号(UN号)：1280 ● 联合国运输名称：氧化丙烯

<table>
<tr><td rowspan="4">危险性</td><td>

• 联合国危险性类别：3
• 包装类别：I

• 包装标志：

</td></tr>
<tr><td>

燃烧爆炸危险性

• 易燃，与空气可形成爆炸性混合物，遇明火、高热有燃烧爆炸危险
• 蒸气比空气重，能在较低处扩散到相当远的地方，遇火源会着火回燃

</td></tr>
<tr><td>

健康危害

• 职业接触限值：$PC-TWA$ 5mg/m^3（敏）（G2B）
• $IDLH$：400ppm
• 急性毒性：大鼠经口 LD_{50}：380mg/kg；兔经皮 LD_{50}：1245mg/kg；大鼠吸入 LC_{50}：4000ppm（4h）
• 接触高浓度蒸气出现眼和呼吸道刺激症状，中枢神经系统抑制症状。重者可见有烦躁不安、多语、谵妄，甚至昏迷。少数出现中毒性肠麻痹、消化道出血以及心、肝、肾损害
• 眼和皮肤接触可致灼伤

</td></tr>
<tr><td>

环境影响

• 在土壤中具有极强的迁移性
• 易挥发，在空气中比较稳定，是有害的空气污染物
• 易被生物降解

</td></tr>
</table>

理化特性及用途	**理化特性** ● 无色透明的易挥发液体，有类似乙醚的气味。 溶于水 ● 沸点：34.2℃ ● 相对密度：0.83 ● 闪点：-37℃ ● 爆炸极限：2.3%~36.0% **用途** ● 是有机合成的重要原料。主要用于生产丙二醇、丙烯醇、丙醛、合成甘油和聚醚多元醇，还用于生产非离子表面活性剂、油田破乳剂、乳化剂、湿润剂、洗涤剂、杀菌剂、熏蒸剂等
个体防护	● 佩戴正压式空气呼吸器或全防型滤毒罐 ● 穿封闭式防化服
应急行动	**隔离与公共安全** 　泄漏：污染范围不明的情况下，初始隔离至少50m，下风向疏散至少300m。发生大量泄漏时，初始隔离至少500m，下风向疏散至少1000m。然后进行气体浓度检测，根据有害蒸气的实际浓度，调整隔离、疏散距离 　火灾：火场内如有储罐、槽车或罐车，隔离800m。考虑撤离隔离区内的人员、物资

- 疏散无关人员并划定警戒区
- 在上风、上坡或上游处停留，切勿进入低洼处
- 进入密闭空间之前必须先通风

应急行动

泄漏处理
- 消除所有点火源（泄漏区附近禁止吸烟，消除所有明火、火花或火焰）
- 使用防爆的通信工具
- 在确保安全的情况下，采用关阀、堵漏等措施，以切断泄漏源
- 作业时所有设备应接地
- 构筑围堤或挖沟槽收容泄漏物，防止进入水体、下水道、地下室或有限空间
- 用抗溶性泡沫覆盖泄漏物，减少挥发
- 用砂土或其他不燃材料吸收泄漏物
- 如果储罐发生泄漏，可通过倒罐转移尚未泄漏的液体

水体泄漏
- 沿河两岸进行警戒，严禁取水、用水、捕捞等一切活动
- 在下游筑坝拦截污染水，同时在上游开渠引流，让清洁水绕过污染带
- 监测水体中污染物的浓度
- 如果已溶解，在浓度不低于10ppm的区域，用10倍于泄漏量的活性炭吸附污染物

应急行动

火灾扑救

灭火剂：干粉、二氧化碳、雾状水、抗溶性泡沫

- 在确保安全的前提下，将容器移离火场

储罐、公路/铁路槽车火灾

- 尽可能远距离灭火或使用遥控水枪或水炮扑救
- 用大量水冷却容器，直至火灾扑灭
- 容器突然发出异常声音或发生异常现象，立即撤离
- 切勿在储罐两端停留

急救

- 皮肤接触：立即脱去污染的衣着，用大量流动清水冲洗 20~30min。就医
- 眼睛接触：立即提起眼睑，用大量流动清水或生理盐水彻底冲洗 10~15min。就医
- 吸入：迅速脱离现场至空气新鲜处。保持呼吸道通畅。如呼吸困难，给输氧。呼吸、心跳停止，立即进行心肺复苏术。就医
- 食入：用水漱口，给饮牛奶或蛋清。就医

31. 环氧乙烷

别　名: 氧化乙烯; 恶烷　CAS 号: **75-21-8**

特别警示	★ 确认人类致癌物; 眼睛接触可致角膜灼伤 ★ 易燃, 与空气混合能形成爆炸性混合物 ★ 加热时剧烈分解, 有着火和爆炸危险 ★ 若不能切断泄漏气源, 则不允许熄灭泄漏处的火焰
化学式	分子式　C_2H_4O　结构式
危险性	危险性类别 • 易燃气体, 类别 1 • 化学不稳定性气体, 类别 A • 加压气体 • 急性毒性–吸入, 类别 3 * • 皮肤腐蚀/刺激, 类别 2 • 严重眼损伤/眼刺激, 类别 2 • 生殖细胞致突变性, 类别 1B • 致癌性, 类别 1A • 特异性靶器官毒性——次接触, 类别 3(呼吸道刺激) • 象形图:  • 警示词: 危险

危险性

危险货物分类
- 联合国危险货物编号(UN 号): 1040
- 联合国运输名称: 环氧乙烷, 或含氮环氧乙烷, 在 50℃时最高总压力为 1MPa(10bar)
- 联合国危险性类别: 2.3, 2.1
- 包装类别:

- 包装标志:

燃烧爆炸危险性
- 易燃, 液体环氧乙烷一般不具有爆炸性, 能与空气形成范围广阔的爆炸性混合物, 遇高热和明火有燃烧爆炸危险
- 蒸气比空气重, 能在较低处扩散到相当远的地方, 遇火源会着火回燃
- 与空气的混合物快速压缩时, 易发生爆炸
- 遇高热可发生剧烈分解, 引起容器破裂或爆炸事故

健康危害
- 职业接触限值: $PC\text{-}TWA$ 2mg/m^3(G1)
- $IDLH$: 800ppm
- 急性毒性: 大鼠经口 LD_{50}: 72mg/kg; 大鼠吸入 LC_{50}: 800ppm(4h)
- 急性中毒引起中枢神经系统、呼吸系统损害, 重者引起昏迷和肺水肿。可出现心肌损害和肝损害
- 可致皮肤损害和眼灼伤
- 国际癌症研究机构将环氧乙烷列为确认人类致癌物

危险性	**环境影响** • 对水生生物有害 • 在空气中比较稳定，是危险的空气污染物 • 在水体中易发生水解，生物降解速度相对较慢
理化特性及用途	**理化特性** • 常温下为无色气体，低温时为无色易流动液体。易溶于水。与水缓慢反应生成乙二醇，常温下危险性较小。能与强酸、醇、碱、胺、氧化剂等发生反应 • 沸点：10.7℃ • 相对密度：0.87(20℃) • 气体相对密度：1.5 • 爆炸极限：3.0%~100%
	用途 • 用于制造乙二醇、聚乙二醇、乙醇胺、乙二醇醚类、非离子表面活性剂、合成洗涤剂、消毒剂、谷物熏蒸剂、抗冻剂、乳化剂等。在合成纤维工业中，可直接作为中间体代替乙二醇制造聚酯纤维和薄膜
个体防护	• 佩戴正压式空气呼吸器 • 穿内置式重型防化服
应急行动	**隔离与公共安全** 　泄漏：污染范围不明的情况下，初始隔离至少200m，下风向疏散至少1000m。然后进行气体浓度检测，根据有害气体的实际浓度，调整隔离、疏散距离 　火灾：火场内如有储罐、槽车或罐车，隔离1600m。考虑撤离隔离区内的人员、物资 • 疏散无关人员并划定警戒区 • 在上风、上坡或上游处停留，切勿进入低洼处 • 气体比空气重，可沿地面扩散，并在低洼处或有限空间(如下水道、地下室等)聚集 • 进入密闭空间之前必须先通风

应急行动	**泄漏处理** • 消除所有点火源(泄漏区附近禁止吸烟,消除所有明火、火花或火焰) • 使用防爆的通信工具 • 作业时所有设备应接地 • 在确保安全的情况下,采用关阀、堵漏等措施,以切断泄漏源 • 防止气体通过下水道、通风系统扩散或进入有限空间 • 喷雾状水改变蒸气云流向 • 隔离泄漏区直至气体散尽 **火灾扑救** 灭火剂:干粉、二氧化碳、雾状水、抗溶性泡沫 • 若不能切断泄漏气源,则不允许熄灭泄漏处的火焰 • 在确保安全的前提下,将容器移离火场 • 毁损容器由专业人员处置 **储罐火灾** • 尽可能远距离灭火或使用遥控水枪或水炮扑救 • 用大量水冷却容器,直至火灾扑灭 • 容器突然发出异常声音或发生异常现象,立即撤离 • 切勿在储罐两端停留 **急救** • 皮肤接触:立即脱去污染的衣着,用大量流动清水冲洗 20~30min。就医 • 眼睛接触:立即提起眼睑,用大量流动清水或生理盐水彻底冲洗 10~15min。就医 • 吸入:迅速脱离现场至空气新鲜处。保持呼吸道通畅。如呼吸困难,给输氧。呼吸、心跳停止,立即进行心肺复苏术。就医

32. 己烷

别　名：正己烷　CAS 号：**110-54-3**

特别警示	★ 高度易燃，其蒸气与空气混合，能形成爆炸性混合物 ★ 注意：闪点很低，用水灭火无效 ★ 不得使用直流水扑救
化学式	分子式　C_6H_{14}　结构式　～～～
危险性	危险性类别 • 易燃液体，类别 2 • 皮肤腐蚀/刺激，类别 2 • 生殖毒性，类别 2 • 特异性靶器官毒性——次接触，类别 3（麻醉效应） • 特异性靶器官毒性-反复接触，类别 2* • 吸入危害，类别 1 • 危害水生环境-急性危害，类别 2 • 危害水生环境-长期危害，类别 2 • 象形图： • 警示词：危险

危险性

危险货物分类

- 联合国危险货物编号（UN 号）：1208
- 联合国运输名称：己烷
- 联合国危险性类别：3
- 包装类别：Ⅱ

- 包装标志：

燃烧爆炸危险性

- 易燃，蒸气与空气可形成爆炸性混合物，遇明火、高热极易燃烧爆炸
- 蒸气比空气重，能在较低处扩散到相当远的地方，遇火源会着火回燃
- 在火场中，受热的容器有爆炸危险

健康危害

- 职业接触限值：$PC\text{-}TWA$ 100mg/m³（皮）；$PC\text{-}STEL$ 180mg/m³（皮）
- $IDLH$：1100 ppm［LEL］
- 急性毒性：大鼠经口 LD_{50}：25000mg/kg；大鼠吸入 LC_{50}：48000ppm（4h）
- 对中枢神经系统有抑制作用。有刺激作用
- 接触蒸气时，可产生眼和上呼吸道刺激症状，严重者可发生肺炎、肺水肿。出现头痛、头晕、恶心和胃肠道不适，甚至昏迷。经口中毒可出现恶心、呕吐、眩晕、中枢神经系统抑制症状
- 长期接触出现头痛、头晕、乏力、胃纳减退等。引起周围神经炎

危险性	环境影响
	● 对水生生物有毒性作用。能在水环境中造成长期的有害影响
	● 在土壤中具有很强的迁移性
	● 具有很强的生物富集性
	● 易挥发，是有害的空气污染物
	● 在低浓度时，易被生物降解；但在高浓度时，会造成微生物中毒，影响生物降解能力
理化特性及用途	理化特性
	● 无色易挥发液体，有微弱的特殊气味。不溶于水。能溶解部分塑料、橡胶和涂层
	● 沸点：68.74℃
	● 相对密度：0.66
	● 闪点：-25.5℃
	● 爆炸极限：1.2%~6.9%
	用途
	● 主要用作橡胶、涂料、油墨、烯烃聚合的溶剂，植物油提取剂，颜料稀释剂。还是高辛烷值燃料
个体防护	● 佩戴全防型滤毒罐
	● 穿封闭式防化服
应急行动	隔离与公共安全
	泄漏：污染范围不明的情况下，初始隔离至少100m，下风向疏散至少500m。然后进行气体浓度检测，根据有害蒸气的实际浓度调整隔离、疏散距离
	火灾：火场内如有储罐、槽车或罐车，隔离800m。考虑撤离隔离区内的人员、物资
	● 疏散无关人员并划定警戒区
	● 在上风、上坡或上游处停留，切勿进入低洼处
	● 进入密闭空间之前必须先通风

	泄漏处理
	• 消除所有点火源(泄漏区附近禁止吸烟,消除所有明火、火花或火焰)
	• 使用防爆的通信工具
	• 在确保安全的情况下,采用关阀、堵漏等措施,以切断泄漏源
	• 作业时所有设备应接地
	• 构筑围堤或挖沟槽收容泄漏物,防止进入水体、下水道、地下室或有限空间
	• 用雾状水稀释挥发的蒸气,禁止用直流水冲击泄漏物
	• 用泡沫覆盖泄漏物,减少挥发
	• 用砂土或其他不燃材料吸收泄漏物
	• 如果储罐发生泄漏,可通过倒罐转移尚未泄漏的液体
应急行动	**火灾扑救** 注意:闪点很低,用水灭火无效 灭火剂:干粉、二氧化碳、泡沫 • 不得使用直流水扑救 • 在确保安全的前提下,将容器移离火场 储罐、公路/铁路槽车火灾 • 尽可能远距离灭火或使用遥控水枪或水炮扑救 • 用大量水冷却容器,直至火灾扑灭 • 容器突然发出异常声音或发生异常现象,立即撤离 • 切勿在储罐两端停留
	急救 • 皮肤接触:脱去污染的衣着,用清水彻底冲洗皮肤。就医 • 眼睛接触:提起眼睑,用流动清水或生理盐水冲洗。就医 • 吸入:迅速脱离现场至空气新鲜处。保持呼吸道通畅。如呼吸困难,给输氧。呼吸、心跳停止,立即进行心肺复苏术。就医 • 食入:饮水,禁止催吐。就医

33. 甲苯

CAS 号：108-88-3

特别警示	★ 易燃，其蒸气与空气混合，能形成爆炸性混合物 ★ 注意：用水灭火无效 ★ 不得使用直流水扑救
化学式	分子式 C_7H_8 结构式
危险性	危险性类别 • 易燃液体，类别 2 • 皮肤腐蚀/刺激，类别 2 • 生殖毒性，类别 2 • 特异性靶器官毒性–一次接触，类别 3（麻醉效应） • 特异性靶器官毒性–反复接触，类别 2 * • 吸入危害，类别 1 • 危害水生环境–急性危害，类别 2 • 危害水生环境–长期危害，类别 3 • 象形图： • 警示词：危险

危险性	危险货物分类
	- 联合国危险货物编号（UN 号）：1294 - 联合国运输名称：甲苯 - 联合国危险性类别：3 - 包装类别：Ⅱ - 包装标志：
	燃烧爆炸危险性
	- 易燃，蒸气与空气可形成爆炸性混合物，遇明火、高热能引起燃烧爆炸，产生黑色有毒烟气 - 蒸气比空气重，能在较低处扩散到相当远的地方，遇火源会着火回燃 - 流速过快，容易产生和积聚静电 - 在火场中，受热的容器有爆炸危险
	健康危害
	- 职业接触限值：$PC-TWA$ 50mg/m³（皮）；$PC-STEL$ 100mg/m³（皮） - $IDLH$：500 ppm - 急性毒性：大鼠经口 LD_{50}：636mg/kg；兔经皮 LD_{50}：12124mg/kg；大鼠吸入 LC_{50}：49g/m³（4h） - 吸入较高浓度本品蒸气表现为麻醉作用，重症者可有躁动、抽搐、昏迷。对眼和呼吸道有刺激作用。可出现明显的心脏损害 - 甲苯液体直接吸入肺内可引起肺炎、肺水肿、肺出血
	环境影响
	- 在很低的浓度下就能对水生生物造成危害 - 在土壤中具有中等强度的迁移性

危险性	• 具有轻微的生物富集性 • 易挥发，是有害的空气污染物 • 易被生物降解
理化特性及用途	**理化特性** • 无色透明液体，有芳香气味。不溶于水。能溶解部分塑料、橡胶和涂层 • 沸点：110.6℃ • 相对密度：0.87 • 闪点：4℃ • 爆炸极限：1.2%~7.0% **用途** • 主要用作有机合成的原料，用于生产甲苯二异氰酸酯（TDI）、苯甲酸、苄基氯、乙烯基甲苯、甲苯磺酸等。也用作溶剂和高辛烷值汽油添加剂
个体防护	• 佩戴简易滤毒罐 • 穿简易防化服 • 戴防化手套 • 穿防化安全靴
应急行动	**隔离与公共安全** 泄漏：污染范围不明的情况下，初始隔离至少100m，下风向疏散至少500m。然后进行气体浓度检测，根据有害蒸气的实际浓度，调整隔离、疏散距离 火灾：火场内如有储罐、槽车或罐车，隔离800m。考虑撤离隔离区内的人员、物资 • 疏散无关人员并划定警戒区 • 在上风、上坡或上游处停留，切勿进入低洼处 • 进入密闭空间之前必须先通风 **泄漏处理** • 消除所有点火源（泄漏区附近禁止吸烟，消除所有明火、火花或火焰）

<table>
<tr><td rowspan="1">应急行动</td><td>

- 使用防爆的通信工具
- 在确保安全的情况下，采用关阀、堵漏等措施，以切断泄漏源
- 作业时所有设备应接地
- 构筑围堤或挖沟槽收容泄漏物，防止进入水体、下水道、地下室或有限空间
- 用雾状水稀释挥发的蒸气，禁止用直流水冲击泄漏物
- 用泡沫覆盖泄漏物，减少挥发
- 用砂土或其他不燃材料吸收泄漏物
- 如果储罐发生泄漏，可通过倒罐转移尚未泄漏的液体

水体泄漏
- 沿河两岸进行警戒，严禁取水、用水、捕捞等一切活动
- 在下游筑坝拦截污染水，同时在上游开渠引流，让清洁水绕过污染带
- 监测水体中污染物的浓度
- 如果已溶解，在浓度不低于 10ppm 的区域，用 10 倍于泄漏量的活性炭吸附污染物

火灾扑救
注意：用水灭火无效
灭火剂：干粉、二氧化碳、泡沫
- 不得使用直流水扑救
- 在确保安全的前提下，将容器移离火场

储罐、公路/铁路槽车火灾
- 尽可能远距离灭火或使用遥控水枪或水炮扑救
- 用大量水冷却容器，直至火灾扑灭
- 容器突然发出异常声音或发生异常现象，立即撤离
- 切勿在储罐两端停留

急救
- 皮肤接触：脱去污染的衣着，用清水彻底冲洗皮肤。就医
- 眼睛接触：提起眼睑，用流动清水或生理盐水冲洗。就医
- 吸入：迅速脱离现场至空气新鲜处。保持呼吸道通畅。如呼吸困难，给输氧。呼吸、心跳停止，立即进行心肺复苏术。就医
- 食入：饮水，禁止催吐。就医
</td></tr>
</table>

34. 甲苯二异氰酸酯

别　名：二异氰酸甲苯酯，TDI　CAS 号：26471-62-5

特别警示	★ 遇水反应放出有毒气体 ★ 不得使用直流水扑救
化学式	分子式　$C_9H_6N_2O_2$　结构式　 （结构式图：$O=C=N$—苯环—CH_3、$N=C=O$）
危险性	危险性类别 ● 急性毒性–吸入，类别 2＊ ● 皮肤腐蚀/刺激，类别 2 ● 严重眼损伤/眼刺激，类别 2 ● 呼吸道致敏物，类别 1 ● 皮肤致敏物，类别 1 ● 致癌性，类别 2 ● 特异性靶器官毒性––一次接触，类别 3（呼吸道刺激） ● 危害水生环境–长期危害，类别 3 ● 象形图：  ● 警示词：危险

危
险
性

危险货物分类

- 联合国危险货物编号（UN 号）：2078
- 联合国运输名称：甲苯二异氰酸酯
- 联合国危险性类别：6.1
- 包装类别：Ⅱ

- 包装标志：

燃烧爆炸危险性

- 可燃，蒸气与空气可形成爆炸性混合物，遇明火、高热能引起燃烧或爆炸，燃烧产生有毒气体
- 蒸气比空气重，能在较低处扩散到相当远的地方，遇火源会着火回燃

健康危害

- 职业接触限值：$PC-TWA$ 0.1mg/m³（敏）（G2B）；$PC-STEL$ 0.2mg/m³（敏）（G2B）
- $IDLH$：2.5ppm[LEL]
- 急性毒性：大鼠经口 LD_{50}：5800mg/kg；兔经皮 LD_{50}：19500mg/kg；大鼠吸入 LC_{50}：14ppm（4h）
- 高浓度接触直接损害呼吸道黏膜，发生喘息性支气管炎，可引起肺炎和肺水肿
- 部分人多次接触后可引起过敏性哮喘
- 蒸气和液体对眼有刺激性。对皮肤有刺激性和致敏性

环境影响

- 对水生生物有毒性作用，能在水环境中造成长期的有害影响

理化特性及用途	**理化特性** 　● 无色或浅黄色透明液体，有刺激臭味。有 2,4-TDI 和 2,6-TDI 两种异构体。按异构体含量的不同，工业上有三种规格的产品： 　① TDI-65，含 2,4-TDI 65%、2,6-TDI 35%； 　② TDI-80，含 2,4-TDI 80%、2,6-TDI 20%； 　③ TDI-100，含 2,4-TDI 100%。遇水反应放出有毒气体、二氧化碳和热量 　● 熔点：$3.5 \sim 5.5 \, ℃$（TDI-65）；$11.5 \sim 13.5 \, ℃$（TDI-80）；$19.5 \sim 21.5 \, ℃$（TDI-100） 　● 沸点：$251 \, ℃$ 　● 相对密度：1.22 　● 闪点：$132.2 \, ℃$（TDI-80） 　● 爆炸极限：$0.9\% \sim 9.5\%$（TDI-100）

	用途 　● 用于生产聚氨酯泡沫塑料、涂料、橡胶和胶黏剂等

个体防护	● 佩戴全防型滤毒罐 ● 穿封闭式防化服

应急行动	**隔离与公共安全** 　泄漏：污染范围不明的情况下，初始隔离至少 300m，下风向疏散至少 1000m。然后进行气体浓度检测，根据有害蒸气的实际浓度，调整隔离、疏散距离 　火灾：火场内如有储罐、槽车或罐车，隔离 800m。考虑撤离隔离区内的人员、物资 　● 疏散无关人员并划定警戒区

<table>
<tr><td rowspan="1">应急行动</td><td>

- 在上风、上坡或上游处停留，切勿进入低洼处
- 加强现场通风

泄漏处理

- 消除所有点火源(泄漏区附近禁止吸烟，消除所有明火、火花或火焰)
- 使用防爆的通信工具
- 作业时所有设备应接地
- 未穿全身防护服时，禁止触及毁损容器或泄漏物
- 在确保安全的情况下，采用关阀、堵漏等措施，以切断泄漏源
- 筑堤或挖沟槽收容泄漏物，防止进入水体、下水道、地下室或有限空间
- 用砂土或其他不燃材料吸收泄漏物

火灾扑救

灭火剂：干粉、二氧化碳、砂土

- 不得使用直流水扑救
- 在确保安全的情况下，将容器移离火场

储罐、公路/铁路槽车火灾

- 用大量水冷却容器，直至火灾扑灭
- 容器突然发出异常声音或发生异常现象，立即撤离
- 切勿在储罐两端停留

急救

- 皮肤接触：脱去污染的衣着，用大量流动清水冲洗。就医
- 眼睛接触：立即提起眼睑，用大量流动清水或生理盐水彻底冲洗 10~15min，就医
- 吸入：迅速脱离现场至空气新鲜处。保持呼吸道通畅。如呼吸困难，给输氧。呼吸、心跳停止，立即进行心肺复苏术。就医
- 食入：饮足量温水，催吐、洗胃、导泻。就医

</td></tr>
</table>

35. 甲醇

别　名：**木醇；木精**　CAS 号：**67-56-1**

特别警示	★ 易燃，其蒸气与空气混合，能形成爆炸性混合物 ★ 有毒，可引起失明 ★ 解毒剂：口服乙醇或静脉输乙醇、碳酸氢钠、叶酸、4-甲基吡唑
化学式	分子式　CH_4O　结构式　$H-\overset{\overset{\displaystyle H}{\mid}}{\underset{\underset{\displaystyle H}{\mid}}{C}}-O-H$
危险性	**危险性类别** ● 易燃液体，类别 2 ● 急性毒性–经口，类别 3＊ ● 急性毒性–经皮，类别 3＊ ● 急性毒性–吸入，类别 3＊ ● 特异性靶器官毒性——次接触，类别 1 ● 象形图： ● 警示词：危险
	危险货物分类 ● 联合国危险货物编号(UN 号)：1230 ● 联合国运输名称：甲醇

- 联合国危险性类别：3，6.1
- 包装类别：Ⅱ

- 包装标志：

燃烧爆炸危险性

- 易燃，蒸气与空气可形成爆炸性混合物，遇明火、高热能引起燃烧爆炸
- 蒸气比空气重，能在较低处扩散到相当远的地方，遇火源会着火回燃

健康危害

- 职业接触限值：PC–TWA 25mg/m^3（皮）；PC–$STEL$ 50mg/m^3（皮）
- $IDLH$：6000ppm
- 急性毒性：大鼠经口 LD_{50}：5600mg/kg；兔经皮 LD_{50}：15800mg/kg；大鼠吸入 LC_{50}：64000 ppm（4h）
- 易经胃肠道、呼吸道和皮肤吸收
- 急性甲醇中毒引起中枢神经损害，表现为头痛、眩晕、乏力、嗜睡和轻度意识障碍等，重者出现昏迷和癫痫样抽搐。引起代谢性酸中毒。甲醇可致视神经损害，重者引起失明

环境影响

- 水体中浓度较高时，对水生生物有害
- 在土壤中具有很强的迁移性
- 在空气中易被氧化成甲醛；会与空气中的氮氧化物反应生成亚硝酸甲酯，是空气中该物质的主要来源
- 易被生物降解

危
险
性

理化特性及用途	**理化特性** ● 无色透明的易挥发液体，有刺激性气味。溶于水 ● 沸点：64.7℃ ● 相对密度：0.79 ● 闪点：11℃ ● 爆炸极限：5.5%~44.0%
	用途 ● 主要用于制甲醛，在有机合成工业中用作甲基化剂和溶剂，是制造甲基叔丁基醚的原料，也可直接掺入汽油作为汽车燃料，还是制造某些农药、医药的原料
个体防护	● 佩戴全防型滤毒罐 ● 穿简易防化服 ● 戴防化手套 ● 穿防化安全靴
应急行动	**隔离与公共安全** 泄漏：污染范围不明的情况下，初始隔离至少100m，下风向疏散至少500m。然后进行气体浓度检测，根据有害蒸气的实际浓度，调整隔离、疏散距离 火灾：火场内如有储罐、槽车或罐车，隔离800m。考虑撤离隔离区内的人员、物资 ● 疏散无关人员并划定警戒区 ● 在上风、上坡或上游处停留，切勿进入低洼处 ● 进入密闭空间之前必须先通风
	泄漏处理 ● 消除所有点火源（泄漏区附近禁止吸烟，消除所有明火、火花或火焰） ● 使用防爆的通信工具

<table>
<tr><td rowspan="3">应急行动</td><td>

• 在确保安全的情况下，采用关阀、堵漏等措施，以切断泄漏源
• 作业时所有设备应接地
• 构筑围堤或挖沟槽收容泄漏物，防止进入水体、下水道、地下室或有限空间
• 用抗溶性泡沫覆盖泄漏物，减少挥发
• 用雾状水稀释泄漏物挥发的蒸气
• 用砂土或其他不燃材料吸收泄漏物
• 如果储罐发生泄漏，可通过倒罐转移尚未泄漏的液体

</td></tr>
<tr><td>

火灾扑救

　灭火剂：干粉、二氧化碳、雾状水、抗溶性泡沫
• 在确保安全的前提下，将容器移离火场
• 筑堤收容消防污水以备处理，不得随意排放
• 不得使用直流水扑救

储罐、公路/铁路槽车火灾
• 尽可能远距离灭火或使用遥控水枪或水炮扑救
• 用大量水冷却容器，直至火灾扑灭
• 容器突然发出异常声音或发生异常现象，立即撤离
• 切勿在储罐两端停留

</td></tr>
<tr><td>

急救

• 皮肤接触：脱去污染的衣着，用清水彻底冲洗皮肤。就医
• 眼睛接触：提起眼睑，用流动清水或生理盐水冲洗。就医
• 吸入：迅速脱离现场至空气新鲜处。保持呼吸道通畅。如呼吸困难，给输氧。呼吸心跳停止，立即进行心肺复苏术。就医
• 食入：催吐。2%碳酸氢钠洗胃，硫酸镁导泻。就医
• 解毒剂：口服乙醇或静脉输乙醇、碳酸氢钠、叶酸、4-甲基吡唑

</td></tr>
</table>

36. 甲醇钠

别　名：**甲氧基钠**　CAS 号：**124-41-4**

特别警示	★ 有强烈刺激和腐蚀性 ★ 自燃物品，加热可能引起剧烈燃烧或爆炸 ★ 禁止将水喷入容器
化学式	分子式　CHNaO$_2$　结构式　
危险性	**危险性类别** ● 自热物质和混合物，类别 1 ● 皮肤腐蚀/刺激，类别 1B ● 严重眼损伤/眼刺激，类别 1 ● 象形图：![火焰图标][腐蚀图标] ● 警示词：危险 **危险货物分类** ● 联合国危险货物编号(UN 号)：1431 ● 联合国运输名称：甲醇钠 ● 联合国危险性类别：4.2，8 ● 包装类别：Ⅱ ● 包装标志：

危险性	**燃烧爆炸危险性** ● 自燃。加热可能引起剧烈燃烧或爆炸
	健康危害 ● 急性毒性：大鼠经口 LD_{50}：2037mg/kg ● 对呼吸道有刺激性，引起咽喉痛、咳嗽、气促 ● 可致眼和皮肤灼伤。口服腐蚀消化道
	环境影响 ● 进入水体后，会发生剧烈反应，生成甲醇和氢氧化钠，使水体 pH 值急剧升高，对水生生物造成严重危害
理化特性及用途	**理化特性** ● 白色无定形粉末，无臭。对空气和湿气敏感 ● 相对密度：1.3
	用途 ● 有机合成反应中用作碱性缩合剂及催化剂。广泛用于香料、染料等工业中。为合成维生素 B_1、维生素 A 及磺胺嘧啶的原料
个体防护	● 佩戴全防型滤毒罐 ● 穿封闭式防化服
应急行动	**隔离与公共安全** 　泄漏：污染范围不明的情况下，初始隔离至少 25m，下风向疏散至少 100m 　火灾：火场内如有储罐、槽车或罐车，隔离 800m。考虑撤离隔离区内的人员、物资 ● 疏散无关人员并划定警戒区 ● 在上风、上坡或上游处停留 ● 进入密闭空间之前必须先通风

应急行动	泄漏处理
	● 消除所有点火源(泄漏区附近禁止吸烟,消除所有明火、火花或火焰)
	● 在确保安全的情况下,采用关阀、堵漏等措施,以切断泄漏源
	● 禁止接触或穿越泄漏物
	● 避免泄漏物接触水
	粉末泄漏
	● 用塑料布或帆布覆盖,以减少扩散,保持粉末干燥
	溶液泄漏
	● 构筑围堤或挖沟槽收容泄漏物,防止进入水体、下水道、地下室或有限空间
	● 用砂土或其他不燃材料吸收泄漏物
	水体泄漏
	● 沿河两岸进行警戒,严禁取水、用水、捕捞等一切活动
	● 在下游筑坝拦截污染水,同时在上游开渠引流,让清洁水改走新河道
	● 加入稀酸中和污染物
	火灾扑救
	灭火剂:干粉、苏打灰、石灰、干砂、二氧化碳
	● 大量本品火灾不得用水或泡沫灭火
	● 在确保安全的前提下,将包装移离火场
	● 大量本品在有限空间着火,可在窒息性条件下分装转移至空旷地带任其烧尽
	急救
	● 皮肤接触:立即脱去污染的衣着,用大量流动清水冲洗 20~30min。就医
	● 眼睛接触:立即提起眼睑,用大量流动清水或生理盐水彻底冲洗 10~15min。就医
	● 吸入:迅速脱离现场至空气新鲜处。保持呼吸道通畅。如呼吸困难,给输氧。呼吸、心跳停止。立即进行心肺复苏术。就医
	● 食入:用水漱口,给饮牛奶或蛋清。就医

37. 甲基肼

别　名：甲基联胺；甲肼　　CAS 号：60-34-4

特别警示	★ 剧毒，有腐蚀性 ★ 易燃，在空气中遇尘土、石棉、木材等多孔疏松性物质能自燃 ★ 高热时其蒸气能发生爆炸
化学式	分子式　CH_6N_2　结构式　$\overset{\displaystyle \diagup\diagup^{NH_2}}{NH}$
危险性	危险性类别 • 易燃液体，类别 1 • 急性毒性–经口，类别 2 • 急性毒性–经皮，类别 2 • 急性毒性–吸入，类别 1 • 皮肤腐蚀/刺激，类别 2 • 严重眼损伤/眼刺激，类别 2A • 生殖毒性，类别 2 • 特异性靶器官毒性——次接触，类别 1 • 特异性靶器官毒性–反复接触，类别 1 • 危害水生环境–急性危害，类别 1 • 危害水生环境–长期危害，类别 1 • 象形图： • 警示词：危险

危险性

危险货物分类

- 联合国危险货物编号（UN 号）：1244
- 联合国运输名称：甲基肼
- 联合国危险性类别：6.1, 3/8
- 包装类别：I

- 包装标志：

燃烧爆炸危险性

- 极易燃，放出刺激性的氧化氮烟气
- 蒸气比空气重，能在较低处扩散到相当远的地方，遇火源会着火回燃
- 接触多孔物质时，易于发生自燃

健康危害

- 职业接触限值：MAC 0.08mg/m³（皮）
- $IDLH$：20ppm
- 急性毒性：大鼠经口 LD_{50}：33mg/kg；大鼠经皮 LD_{50}：183mg/kg；大鼠吸入 LC_{50}：74ppm（4h）
- 剧毒化学品。可经呼吸道、消化道和皮肤吸收
- 吸入甲基肼蒸气可出现流泪、喷嚏、咳嗽，以后可见眼充血、支气管痉挛、呼吸困难，继之恶心、呕吐。可致高铁血红蛋白血症
- 眼和皮肤接触引起灼伤

环境影响

- 对水生生物有很强的毒性作用
- 在土壤中具有极强的迁移性
- 在低浓度时，易被生物降解；但在高浓度时，会造成微生物中毒，影响生物降解能力

理化特性及用途	理化特性 • 无色透明液体，有氨的气味 • 沸点：87.5℃ • 相对密度：0.874 • 闪点：-8.3℃ • 爆炸极限：2.5%~98%
	用途 • 用作化学合成中间体、溶剂。常与四氧化二氯等氧化剂组成双组元液体，用作火箭推进剂
个体防护	• 佩戴全防型滤毒罐 • 穿封闭式防化服
应急行动	隔离与公共安全 　泄漏：污染范围不明的情况下，初始隔离至少300m，下风向疏散至少1000m。然后进行气体浓度检测，根据有害蒸气的实际浓度，调整隔离、疏散距离 　火灾：火场内如有储罐、槽车或罐车，隔离800m。考虑撤离隔离区内的人员、物资 • 疏散无关人员并划定警戒区 • 在上风、上坡或上游处停留，切勿进入低洼处 • 进入密闭空间之前必须先通风
	泄漏处理 • 消除所有点火源(泄漏区附近禁止吸烟，消除所有明火、火花或火焰) • 使用防爆的通信工具

	• 在确保安全的情况下，采用关阀、堵漏等措施，以切断泄漏源
	• 作业时所有设备应接地
	• 构筑围堤或挖沟槽收容泄漏物，防止进入水体、下水道、地下室或有限空间
	• 喷雾状水稀释挥发的蒸气，并改变蒸气云流向
	• 用抗溶性泡沫覆盖泄漏物，减少挥发
	• 用砂土或其他不燃材料吸收泄漏物
	• 如果储罐发生泄漏，可通过倒罐转移尚未泄漏的液体
	火灾扑救
	灭火剂：干粉、二氧化碳、雾状水、抗溶性泡沫
	• 在确保安全的前提下，将容器移离火场
	• 筑堤收容消防污水以备处理，不得随意排放
应急行动	• 不得使用直流水扑救
	储罐、公路/铁路槽车火灾
	• 尽可能远距离灭火或使用遥控水枪或水炮扑救
	• 用大量水冷却容器，直至火灾扑灭
	• 容器突然发出异常声音或发生异常现象，立即撤离
	• 切勿在储罐两端停留
	急救
	• 皮肤接触：立即脱去污染的衣着，用大量流动清水冲洗 20~30min。就医
	• 眼睛接触：立即提起眼睑，用大量流动清水或生理盐水彻底冲洗 10~15min。就医
	• 吸入：迅速脱离现场至空气新鲜处。保持呼吸道通畅。如呼吸困难，给输氧。呼吸、心跳停止，立即进行心肺复苏术。就医
	• 食入：饮足量温水，催吐。就医

38. 甲基乙基酮

别　名：甲乙酮，2-丁酮；甲基乙基甲酮；MEK
CAS 号：78-93-3

特别警示	★ 易燃，其蒸气与空气混合，能形成爆炸性混合物
化学式	分子式　C₄H₈O　结构式　

<table>
<tr><td rowspan="2">危险性</td><td>危险性类别</td></tr>
<tr><td>

- 易燃液体，类别 2
- 严重眼损伤/眼刺激，类别 2
- 特异性靶器官毒性——一次接触，类别 3(麻醉效应)

- 象形图：

- 警示词：危险

危险货物分类

- 联合国危险货物编号(UN 号)：1193
- 联合国运输名称：乙基甲基酮(甲乙酮)
- 联合国危险性类别：3
- 包装类别：Ⅱ

- 包装标志：

</td></tr>
</table>

危险性	**燃烧爆炸危险性** • 极易燃，蒸气与空气可形成爆炸性混合物，遇明火、高热或与氧化剂接触，有引起燃烧爆炸的危险 • 蒸气比空气重，能在较低处扩散到相当远的地方，遇火源会着火回燃 **健康危害** • 职业接触限值：$PC\text{-}TWA$ 300mg/m³；$PC\text{-}STEL$ 600mg/m³ • $IDLH$：3000ppm • 急性毒性：大鼠经口 LD_{50}：2737mg/kg；兔经皮 LD_{50}：6480mg/kg；大鼠吸入 LC_{50}：23500mg/m³（8h） • 可经呼吸道、胃肠道和皮肤迅速吸收 • 对眼、鼻、喉、黏膜有刺激性 **环境影响** • 在高浓度时，对水生生物有害 • 易挥发，是有害的空气污染物 • 在土壤中具有极强的迁移性 • 易被生物降解
理化特性及用途	**理化特性** • 无色液体，有类似丙酮的气味。溶于水。能溶解或软化部分塑料 • 沸点：79.6℃ • 相对密度：0.805 • 闪点：-9℃ • 爆炸极限：1.7%～11.4%

理化特性及用途	用途 • 主要用作溶剂，广泛用于高分子化合物如硝化纤维素、酚醛树脂及黏合剂、油墨、磁带的生产。也作为合成香料和医药的原料
个体防护	• 佩戴简易滤毒罐 • 穿简易防化服 • 戴防化手套 • 穿防化安全靴
应急行动	隔离与公共安全 　泄漏：污染范围不明的情况下，初始隔离至少100m，下风向疏散至少500m。然后进行气体浓度检测，根据有害蒸气的实际浓度，调整隔离、疏散距离 　火灾：火场内如有储罐、槽车或罐车，隔离800m。考虑撤离隔离区内的人员、物资 • 疏散无关人员并划定警戒区 • 在上风、上坡或上游处停留，切勿进入低洼处 • 进入密闭空间之前必须先通风 泄漏处理 • 消除所有点火源(泄漏区附近禁止吸烟，消除所有明火、火花或火焰) • 使用防爆的通信工具 • 在确保安全的情况下，采用关阀、堵漏等措施，以切断泄漏源

应 急 行 动	• 作业时所有设备应接地 • 构筑围堤或挖沟槽收容泄漏物，防止进入水体、下水道、地下室或有限空间 • 喷雾状水稀释挥发的蒸气，并改变蒸气云流向 • 用抗溶性泡沫覆盖泄漏物，减少挥发 • 用砂土或其他不燃材料吸收泄漏物 • 如果储罐发生泄漏，可通过倒罐转移尚未泄漏的液体 **火灾扑救** 灭火剂：干粉、二氧化碳、雾状水、抗溶性泡沫 • 在确保安全的前提下，将容器移离火场 储罐、公路/铁路槽车火灾 • 尽可能远距离灭火或使用遥控水枪或水炮扑救 • 用大量水冷却容器，直至火灾扑灭 • 容器突然发出异常声音或发生异常现象，立即撤离 • 切勿在储罐两端停留 **急救** • 皮肤接触：脱去污染的衣着，用清水彻底冲洗皮肤。就医 • 眼睛接触：提起眼睑，用流动清水或生理盐水冲洗。就医 • 吸入：迅速脱离现场至空气新鲜处。保持呼吸道通畅。如呼吸困难，给输氧。呼吸、心跳停止，立即进行心肺复苏术。就医 • 食入：饮水，禁止催吐。就医

39. 甲醛

CAS 号：**50-00-0**

特别警示	★ 确认人类致癌物，有腐蚀性 ★ 易燃，火场温度下易发生危险的聚合反应
化学式	分子式　CH_2O　结构式　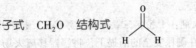
危险性	危险性类别 ● 急性毒性-经口，类别 3 * ● 急性毒性-经皮，类别 3 * ● 急性毒性-吸入，类别 3 * ● 皮肤腐蚀/刺激，类别 1B ● 严重眼损伤/眼刺激，类别 1 ● 皮肤致敏物，类别 1 ● 生殖细胞致突变性，类别 2 ● 致癌性，类别 1A ● 特异性靶器官毒性-一次接触，类别 3（呼吸道刺激） ● 危害水生环境-急性危害，类别 2 ● 象形图： ● 警示词：危险

危险性

危险货物分类
- 联合国危险货物编号（UN 号）：2209
- 联合国运输名称：甲醛溶液，甲醛含量不低于 25%
- 联合国危险性类别：8
- 包装类别：Ⅲ
- 包装标志：

燃烧爆炸危险性
- 蒸气与空气可形成爆炸性混合物，遇明火、高热能引起燃烧或爆炸，产物中含有一氧化碳、二氧化碳

健康危害
- 职业接触限值：MAC 0.5mg/m³（敏）（G1）
- IDLH：20ppm
- 急性毒性：大鼠经口 LD_{50}：100mg/kg；兔经皮 LD_{50}：270mg/kg；大鼠吸入 LC_{50}：590mg/m³
- 具有刺激和麻醉作用
- 接触其蒸气，引起结膜炎、角膜炎、鼻炎、支气管炎；重者发生喉痉挛、声门水肿和肺炎等。肺水肿较少见。可致眼和皮肤灼伤。口服灼伤口腔和消化道
- 国际癌症研究机构将甲醛列为确认人类致癌物

环境影响
- 在很低的浓度下就能对水生生物造成危害
- 易挥发，是有害的空气污染物
- 在土壤中具有极强的迁移性

理化特性及用途	**理化特性** • 常温下为无色气体，有特殊的刺激气味。通常以水溶液形式出现。工业品含甲醛 37%～55%，通常足 40%，俗称福尔马林。商品一般加有甲醇作阻聚剂。易溶于水 • 气体相对密度：1.1 • 闪点：50℃（含甲醇 15%）；85℃（含甲醇 0.05%） • 爆炸极限：7.0%～73.0% **用途** • 主要用作生产酚醛树脂、脲醛树脂、聚甲醛树脂、季戊四醇、合成纤维、医药等的原料。还用作消毒剂、杀虫剂、熏蒸剂
个体防护	• 佩戴全防型滤毒罐 • 穿封闭式防化服
应急行动	**隔离与公共安全** 　泄漏：污染范围不明的情况下，初始隔离至少 300m，下风向疏散至少 1000m。然后进行气体浓度检测，根据有害蒸气的实际浓度调整隔离、疏散距离 　火灾：火场内如有储罐、槽车或罐车，隔离 800m。考虑撤离隔离区内的人员、物资 • 疏散无关人员并划定警戒区 • 在上风、上坡或上游处停留，切勿进入低洼处 • 进入密闭空间之前必须先通风

应急行动	泄漏处理
	• 消除所有点火源(泄漏区附近禁止吸烟,消除所有明火、火花或火焰)
	• 使用防爆的通信工具
	• 作业时所有设备应接地
	• 禁止接触或跨越泄漏物
	• 在确保安全的情况下,采用关阀、堵漏等措施,以切断泄漏源
	• 喷雾状水溶解、稀释漏出气,禁止用水直接冲击泄漏物或泄漏源
	溶液泄漏
	• 构筑围堤或挖沟槽收容泄漏物,防止进入水体、下水道、地下室或有限空间
	• 用抗溶性泡沫覆盖泄漏物,减少挥发
	• 用砂土或其他不燃材料吸收泄漏物
	水体泄漏
	• 沿河两岸进行警戒,严禁取水、用水、捕捞等一切活动
	• 在下游筑坝拦截污染水,同时在上游开渠引流,让清洁水绕过污染带
	• 监测水体中污染物的浓度
	• 如果已溶解,在浓度不低于 10ppm 的区域,用 10 倍于泄漏量的活性炭吸附污染物
	火灾扑救
	灭火剂:干粉、二氧化碳、雾状水、抗溶性泡沫
	• 在确保安全的前提下,将容器移离火场
	• 筑堤收容消防污水以备处理,不得随意排放

应急行动	**储罐、公路/铁路槽车火灾** ● 尽可能远距离灭火或使用遥控水枪或水炮扑救 ● 用大量水冷却容器，直至火灾扑灭 ● 容器突然发出异常声音或发生异常现象，立即撤离 ● 切勿在储罐两端停留 **急救** ● 皮肤接触：立即脱去污染的衣着，用大量流动清水冲洗 20~30min。就医 ● 眼睛接触：立即提起眼睑，用大量流动清水或生理盐水彻底冲洗 10~15min。就医 ● 吸入：迅速脱离现场至空气新鲜处。保持呼吸道通畅。如呼吸困难，给输氧。呼吸、心跳停止，立即进行心肺复苏术。就医 ● 食入：口服牛奶、15% 醋酸铵或 3% 碳酸铵水溶液。催吐，用稀氨水溶液洗胃。就医 ● 解毒剂：醋酸铵，碳酸铵

40. 甲酸

别 名：蚁酸 CAS 号：64-18-6

特别警示	★ 易燃，有腐蚀性
化学式	分子式 CH₂O₂ 结构式 $\overset{O}{\underset{}{\diagup}}$OH
危险性	**危险性类别** • 易燃液体，类别 3 • 皮肤腐蚀/刺激，类别 1A • 严重眼损伤/眼刺激，类别 1 • 象形图： • 警示词：危险 **危险货物分类** • 联合国危险货物编号(UN 号)：1779 • 联合国运输名称：甲酸，按质量含酸高于 85% • 联合国危险性类别：8，3 • 包装类别：Ⅱ • 包装标志：

危险性	**燃烧爆炸危险性** ● 易燃，蒸气与空气可形成爆炸性混合物，遇明火、高热能引起燃烧或爆炸 **健康危害** ● 职业接触限值：$PC-TWA$ 10mg/m³；$PC-SETL$ 20 mg/m³ ● $IDLH$：30ppm ● 急性毒性：大鼠经口 LD_{50}：1100mg/kg；大鼠吸入 LC_{50}：15000mg/m³（15min） ● 吸入甲酸蒸气可引起结膜炎、鼻炎、支气管炎、肺炎 ● 浓甲酸口服后可腐蚀口腔和消化道，甚至因急性肾功能衰竭或呼吸功能衰竭而致死 ● 皮肤接触轻者表现为接触部位皮肤发红，重者可致皮肤灼伤 **环境影响** ● 水体中浓度较高时，对水生生物有害
理化特性及用途	**理化特性** ● 无色透明的发烟液体，有刺激性酸味。易溶于水。与碱发生放热中和反应。与活泼金属反应放出易燃易爆的氢气 ● 熔点：8.2℃ ● 沸点：100.8℃ ● 相对密度：1.23 ● 闪点：50℃ ● 爆炸极限：18.0%～57.0% **用途** ● 用于制造甲酸盐(酯)类、甲酰胺等。也用于高温气(油)井的酸化。还用于橡胶、医药、印染、制革等行业

个体防护	• 佩戴全防型滤毒罐 • 穿封闭式防化服
应急行动	**隔离与公共安全** 　泄漏：污染范围不明的情况下，初始隔离至少100m，下风向疏散至少500m。然后进行气体浓度检测，根据有害蒸气或烟雾的实际浓度，调整隔离、疏散距离 　火灾：火场内如有储罐、槽车或罐车，隔离800m。考虑撤离隔离区内的人员、物资 • 疏散无关人员并划定警戒区 • 在上风、上坡或上游处停留，切勿进入低洼处 • 加强现场通风 **泄漏处理** • 消除所有点火源(泄漏区附近禁止吸烟，消除所有明火、火花或火焰) • 在确保安全的情况下，采用关阀、堵漏等措施，以切断泄漏源 • 未穿全身防护服时，禁止触及毁损容器或泄漏物 • 筑堤或挖沟槽收容泄漏物，防止进入水体、下水道、地下室或有限空间 • 用砂土或其他不燃材料吸收泄漏物 • 用石灰(CaO)、石灰石($CaCO_3$)或碳酸氢钠($NaHCO_3$)中和泄漏物

<table>
<tr>
<td rowspan="3">应急行动</td>
<td>

水体泄漏

● 沿河两岸进行警戒，严禁取水、用水、捕捞等一切活动

● 在下游筑坝拦截污染水，同时在上游开渠引流，让清洁水绕过污染带

● 加入石灰（CaO）、石灰石（$CaCO_3$）或碳酸氢钠（$NaHCO_3$）中和污染物

</td>
</tr>
<tr>
<td>

火灾扑救

灭火剂：干粉、二氧化碳、雾状水、抗溶性泡沫

● 筑堤收容消防污水以备处理，不得随意排放

储罐、公路/铁路槽车火灾

● 尽可能远距离灭火或使用遥控水枪或水炮扑救

● 用大量水冷却容器，直至火灾扑灭

● 容器突然发出异常声音或发生异常现象，立即撤离

● 切勿在储罐两端停留

</td>
</tr>
<tr>
<td>

急救

● 皮肤接触：立即脱去污染的衣着，用大量流动清水冲洗 20~30min。就医

● 眼睛接触：立即提起眼睑，用大量流动清水或生理盐水彻底冲洗 10~15min。就医

● 吸入：迅速脱离现场至空气新鲜处。保持呼吸道通畅。如呼吸困难，给输氧。呼吸、心跳停止，立即进行心肺复苏术。就医

● 食入：用水漱口，给饮牛奶或蛋清。就医

</td>
</tr>
</table>

41. 甲烷

CAS 号: **74-82-8**

特别警示	★ 极易燃 ★ 若不能切断泄漏气源，则不允许熄灭泄漏处的火焰
化学式	分子式 CH₄ 结构式 $H-\underset{\underset{H}{\vert}}{\overset{\overset{H}{\vert}}{C}}-H$
危险性	危险性类别 • 易燃气体，类别 1 • 加压气体 • 象形图：  • 警示词：危险 危险货物分类 (1) 联合国危险货物编号(UN 号)：1971 • 联合国运输名称：压缩甲烷或甲烷含量高的压缩天然气 • 联合国危险性类别：2.1 • 包装类别： • 包装标志：

<table>
<tr>
<td rowspan="7">危险性</td>
<td>（2）联合国危险货物编号（UN 号）：1972
● 联合国运输名称：冷冻液态甲烷或甲烷含量高的冷冻液态天然气
● 联合国危险性类别：2.1
● 包装类别：

● 包装标志： </td>
</tr>
<tr>
<td>燃烧爆炸危险性
● 极易燃，与空气混合能形成爆炸性混合物，遇热源和明火有燃烧爆炸的危险</td>
</tr>
<tr>
<td>健康危害
● 急性毒性：小鼠吸入 LC_{50}：50pph（2h）
● 单纯性窒息剂
● 空气中浓度达 25%~30% 时可出现窒息前症状，表现为头晕、呼吸加快、脉速、乏力，继续吸入出现头痛、烦躁、意识障碍、共济失调、昏迷，进一步呼吸心跳停止
● 皮肤接触液化气引起冻伤</td>
</tr>
<tr>
<td>环境影响
● 在土壤中具有很强的迁移性</td>
</tr>
<tr>
<td rowspan="3">理化特性及用途</td>
<td>理化特性
● 无色、无臭、无味气体；微溶于水
● 气体相对密度：0.6
● 爆炸极限：5.0%~16%</td>
</tr>
</table>

理化特性及用途	用途 • 广泛用作民用和锅炉燃料。用于制氢气、合成氨和有机合成原料气，也用于制炭黑、硝基甲烷、三氯甲烷等
个体防护	• 泄漏状态下佩戴正压式空气呼吸器，火灾时可佩戴简易滤毒罐 • 穿简易防化服
应急行动	隔离与公共安全 泄漏：污染范围不明的情况下，初始隔离至少100m，下风向疏散至少800m。然后进行气体浓度检测，根据有害气体的实际浓度，调整隔离、疏散距离 火灾：火场内如有储罐、槽车或罐车，隔离1600m。考虑撤离隔离区内的人员、物资 • 疏散无关人员并划定警戒区 • 在上风、上坡或上游处停留 泄漏处理 • 消除所有点火源(泄漏区附近禁止吸烟，消除所有明火、火花或火焰) • 使用防爆的通信工具 • 作业时所有设备应接地

<table>
<tr><td rowspan="3">应急行动</td><td>
- 在确保安全的情况下，采用关阀、堵漏等措施，以切断泄漏源
- 防止气体通过通风系统扩散或进入有限空间
- 喷雾状水稀释泄漏气体，改变泄漏气体流向
- 隔离泄漏区直至气体散尽
</td></tr>
<tr><td>
火灾扑救
灭火剂：干粉、二氧化碳、雾状水、泡沫
- 若不能切断泄漏气源，则不允许熄灭泄漏处的火焰
- 在确保安全的前提下，将容器移离火场
- 用大量水冷却容器，直至火灾扑灭
- 容器突然发出异常声音或发生异常现象，立即撤离
</td></tr>
<tr><td>
急救
- 皮肤接触：如果发生冻伤，将患部浸泡于保持在38~42℃的温水中复温。不要涂擦。不要使用热水或辐射热。使用清洁、干燥的敷料包扎。就医
- 吸入：迅速脱离现场至空气新鲜处。保持呼吸道通畅。如呼吸困难，给输氧。呼吸、心跳停止，立即进行心肺复苏术。就医
</td></tr>
</table>

42. 连二亚硫酸钠

别　名：保险粉　CAS 号：7775-14-6

特别警示	★ 自燃物品 ★ 遇水剧烈反应，可引起燃烧
化学式	分子式　Na₂S₂O₄　结构式
危险性	危险性类别 • 自热物质和混合物，类别1 • 象形图： • 警示词：危险 危险货物分类 • 联合国危险货物编号（UN 号）：1384 • 联合国运输名称：连二亚硫酸钠 • 联合国危险性类别：4.2 • 包装类别：Ⅱ • 包装标志：

分子式　Na₂S₂O₄

危险性	燃烧爆炸危险性
	● 易燃，受热或接触明火能燃烧
	● 空气中加热至250℃以上能自燃
	健康危害
	● 本品有刺激性和致敏性
	环境影响
	● 水体中浓度较高时，对水生生物有害
理化特性及用途	理化特性
	● 白色结晶粉末，有时略带黄色或灰色。具有特殊臭味。遇水剧烈反应，能引起燃烧
	● 相对密度：1.02
	用途
	● 用作棉织物的助染剂，丝毛织物的漂白剂，造纸和食品工业的漂白剂，金银回收等。实验室作吸氧剂
个体防护	● 佩戴防尘面具
	● 穿简易防化服
	● 戴防化手套
	● 穿防化安全靴
应急行动	隔离与公共安全
	泄漏：污染范围不明的情况下，初始隔离至少25m，下风向疏散至少100m。如果泄漏到水中，初始隔离至少300m，下风向疏散至少1000m。然后进行气体浓度检测，根据有害气体和水体污染物的实际浓度，调整隔离、疏散距离

火灾：火场内如有储罐、槽车或罐车，隔离800m。考虑撤离隔离区内的人员、物资

- 疏散无关人员并划定警戒区
- 在上风、上坡或上游处停留

泄漏处理

- 消除所有点火源（泄漏区附近禁止吸烟，消除所有明火、火花或火焰）
- 禁止接触或跨越泄漏物
- 小量泄漏时用水溶解
- 使用非火花工具收集泄漏物

火灾扑救

灭火剂：干粉、二氧化碳、干燥砂土

- 在确保安全的前提下，将容器移离火场
- 不得用水、泡沫灭火

急救

- 皮肤接触：脱去污染的衣着，用清水彻底冲洗皮肤。就医
- 眼睛接触：提起眼睑，用流动清水或生理盐水冲洗。就医
- 吸入：迅速脱离现场至空气新鲜处。保持呼吸道通畅。如呼吸困难，给输氧。呼吸、心跳停止，立即进行心肺复苏术。就医
- 食入：饮足量温水，催吐。就医

应急行动

43. 磷化氢

CAS 号：7803-51-2

特别警示	★ 剧毒 ★ 暴露在空气中能自燃 ★ 若不能切断泄漏气源，则不得扑灭正在燃烧的气体
化学式	分子式　PH_3　结构式　$\begin{array}{c} H \quad\ \ H \\ \diagdown\ \diagup \\ P \\ \mid \\ H \end{array}$
危险性	**危险性类别** ● 易燃气体，类别 1 ● 加压气体 ● 急性毒性-吸入，类别 2 * ● 皮肤腐蚀/刺激，类别 1B ● 严重眼损伤/眼刺激，类别 1 ● 危害水生环境-急性危害，类别 1 ● 象形图： ● 警示词：危险 **危险货物分类** ● 联合国危险货物编号（UN 号）：2199 ● 联合国运输名称：磷化氢（膦）

- 联合国危险性类别：2.3，2.1
- 包装类别：

- 包装标志：

燃烧爆炸危险性
- 暴露在空气中能自燃

健康危害
- 职业接触限值：MAC 0.3mg/m³
- $IDLH$：50ppm
- 急性毒性：大鼠吸入 LD_{50}：15.3mg/m³（4h）
- 磷化氢主要损害神经系统、呼吸系统、心脏、肾脏及肝脏
- 10mg/m³接触 6h，有中毒症状；409～846mg/m³时，0.5～1h 发生死亡
- 急性轻度中毒，有头痛、乏力、恶心、失眠、口渴、鼻咽发干、胸闷、咳嗽和低热等；中度中毒，病人出现轻度意识障碍、呼吸困难、心肌损伤；重度中毒则出现昏迷、抽搐、肺水肿及明显的心肌、肝、肾损害

环境影响
- 对水生生物有很强的毒性作用
- 是有害的空气污染物

危险性

理化特性及用途	**理化特性** ● 无色气体。有类似大蒜的气味。微溶于冷水 ● 气体相对密度：1.17 ● 爆炸极限：1.8%～98% **用途** ● 用于有机磷化合物的制备。用作缩合催化剂，聚合引发剂及 N-型半导体掺杂剂等
个体防护	● 佩戴正压式空气呼吸器 ● 穿内置式重型防化服
应急行动	**隔离与公共安全** 　泄漏：污染范围不明的情况下，初始隔离至少500m，下风向疏散至少1500m。然后进行气体浓度检测，根据有害气体的实际浓度，调整隔离、疏散距离 　火灾：火场内如有储罐、槽车或罐车，隔离1600m。考虑撤离隔离区内的人员、物资 ● 疏散无关人员并划定警戒区 ● 在上风、上坡或上游处停留 ● 进入密闭空间之前必须先通风

<table>
<tr><td rowspan="3">应急行动</td><td>

泄漏处理

- 消除所有点火源(泄漏区附近禁止吸烟,消除所有明火、火花或火焰)
- 使用防爆的通信工具
- 作业时所有设备应接地
- 在确保安全的情况下切断泄漏源
- 防止气体通过下水道、通风系统和密闭性空间扩散
- 喷雾状水改变蒸气云流向,禁止用水直接冲击泄漏物或泄漏源
- 隔离泄漏区直至气体散尽

</td></tr>
<tr><td>

火灾扑救

灭火剂:干粉、二氧化碳、抗溶性泡沫

- 若不能切断泄漏气源,则不得扑灭正在燃烧的气体
- 在确保安全的前提下,将容器移离火场
- 用大量水冷却容器,直至火灾扑灭
- 钢瓶突然发出异常声音或发生异常现象,立即撤离
- 毁损钢瓶由专业人员处置

</td></tr>
<tr><td>

急救

- 吸入:迅速脱离现场至空气新鲜处。保持呼吸道通畅。如呼吸困难,给输氧。呼吸、心跳停止。立即进行心肺复苏术。就医

</td></tr>
</table>

44. 磷酸

别　名：正磷酸　　CAS 号：**7664-38-2**

特别警示	★ 有腐蚀性
化学式	分子式　H_3PO_4　结构式　$HO-\underset{\underset{OH}{\vert}}{\overset{\overset{O}{\Vert}}{P}}-OH$
危险性	危险性类别 • 皮肤腐蚀/刺激，类别 1B • 严重眼损伤/眼刺激，类别 1 • 象形图： • 警示词：危险 危险货物分类 （1）联合国危险货物编号（UN 号）：1805 • 联合国运输名称：磷酸溶液 • 联合国危险性类别：8 • 包装类别：Ⅲ • 包装标志：

危险性	（2）联合国危险货物编号（UN 号）：3453 ● 联合国运输名称：固态磷酸 ● 联合国危险性类别：8 ● 包装类别：Ⅲ ● 包装标志： **燃烧爆炸危险性** ● 本品不燃，能与活泼金属反应，放出易燃的氢气 **健康危害** ● 职业接触限值：$PC-TWA$ 1mg/m^3；$PC-STEL$ 3mg/m^3 ● $IDLH$：1000mg/m^3 ● 蒸气或雾对眼、鼻、喉有刺激性。口服液体可引起恶心、呕吐、腹痛、血便或休克 ● 皮肤或眼接触可致灼伤 **环境影响** ● 水体中浓度较高时，对水生物有害
理化特性及用途	**理化特性** ● 纯品为白色单斜结晶。工业品为无色透明或略带浅色的稠状液体，分为 85% 和 75% 两种规格。溶于水。与碱发生放热中和反应 ● 沸点：154℃（85%）；135℃（75%） ● 相对密度：1.65～1.87（85%）；1.58（75%）

理化特性及用途	用途 • 主要用于制取化肥、阻燃剂、食品和饲料、添加剂、医药等工业所需磷酸酯（盐），也用于电镀、抛光业。在炼油工业上用作烯烃叠合催化剂
个体防护	• 佩戴全防型滤毒罐 • 穿封闭式防化服
应急行动	**隔离与公共安全** 　泄漏：污染范围不明的情况下，初始隔离至少100m。然后进行气体浓度检测，根据有害蒸气或烟雾的实际浓度，调整隔离距离 　火灾：火场内如有储罐、槽车或罐车，隔离800m。考虑撤离隔离区内的人员、物资 • 疏散无关人员并划定警戒区 • 在上风、上坡或上游处停留，切勿进入低洼处 • 加强现场通风 **泄漏处理** • 在确保安全的情况下，采用关阀、堵漏等措施，以切断泄漏源 • 未穿全身防护服时，禁止触及毁损容器或泄漏物 • 筑堤或挖沟槽收容泄漏物，防止进入水体、下水道、地下室或有限空间 • 用干砂土或其他不燃材料吸收泄漏物

	● 用石灰（CaO）、石灰石（$CaCO_3$）或碳酸氢钠（$NaHCO_3$）中和泄漏物
	水体泄漏
	● 沿河两岸进行警戒，严禁取水、用水、捕捞等一切活动
	● 在下游筑坝拦截污染水，同时在上游开渠引流，让清洁水绕过污染带
	● 监测水体中污染物的浓度
	● 用石灰（CaO）、石灰石（$CaCO_3$）或碳酸氢钠（$NaHCO_3$）中和污染物
应急行动	**火灾扑救**
	灭火剂：不燃。根据着火原因选择适当灭火剂灭火
	● 筑堤收容消防污水以备处理，不得随意排放
	储罐、公路/铁路槽车火灾
	● 用大量水冷却容器，直至火灾扑灭
	● 容器突然发出异常声音或发生异常现象，立即撤离
	● 切勿在储罐两端停留
	急救
	● 皮肤接触：立即脱去污染的衣着，用大量流动清水冲洗 20~30min。就医
	● 眼睛接触：立即提起眼睑，用大量流动清水或生理盐水彻底冲洗 10~15min。就医
	● 吸入：迅速脱离现场至空气新鲜处。保持呼吸道通畅。如呼吸困难，给输氧。呼吸、心跳停止，立即进行心肺复苏术。就医
	● 食入：用水漱口，给饮牛奶或蛋清。就医

45. 硫化氢

CAS 号：7783-06-4

特别警示	★ 有毒，是强烈的神经毒物，对黏膜有强烈刺激作用 ★ 高浓度吸入可发生猝死 ★ 极易燃 ★ 若不能切断泄漏气源，则不允许熄灭泄漏处的火焰
化学式	分子式　H_2S　结构式　$H\!-\!S\!-\!H$
危险性	危险性类别 • 易燃气体，类别 1 • 加压气体 • 急性毒性-吸入，类别 2 * • 危害水生环境-急性危害，类别 1 • 象形图： • 警示词：危险 危险货物分类 • 联合国危险货物编号（UN 号）：1053 • 联合国运输名称：硫化氢

- 联合国危险性类别：2.3，2.1
- 包装类别：
- 包装标志：

燃烧爆炸危险性
- 极易燃，与空气混合能形成爆炸性混合物，遇明火、高热能引起燃烧爆炸
- 气体比空气重，能在较低处扩散到相当远的地方，遇火源会着火回燃

危险性

健康危害
- 职业接触限值：MAC 10mg/m³
- $IDLH$：100ppm
- 急性毒性：大鼠吸入 LC_{50}：618mg/m³
- 窒息性气体，是一种强烈的神经毒物，对眼和呼吸道有刺激作用
- 急性中毒出现眼和呼吸道刺激症状，急性气管、支气管炎或支气管周围炎，支气管肺炎，意识障碍等。重者意识障碍程度达深昏迷或呈植物状态，出现肺水肿、心肌损害、多脏器衰竭。眼部刺激引起结膜炎和角膜损害
- 高浓度(1000mg/m³以上)吸入可发生猝死

环境影响
- 对水生生物有很强的毒性作用
- 危险的空气污染物

理化特性及用途	理化特性 • 无色气体，有特殊的臭味(臭蛋味)。溶于水。与碱发生放热中和反应 • 气体相对密度：1.19 • 爆炸极限：4.0%～46.0%
	用途 • 主要用于制取硫黄。也用于制造硫酸、金属硫化物以及分离和鉴定金属离子
个体防护	• 佩戴正压式空气呼吸器 • 穿内置式重型防化服
应急行动	隔离与公共安全 　泄漏：污染范围不明的情况下，初始隔离至少500m，下风向疏散至少1500m。然后进行气体浓度检测，根据有害气体的实际浓度，调整隔离、疏散距离。大规模井喷失控时，初始隔离至少1000m，下风向疏散至少2000m 　火灾：火场内如有储罐、槽车或罐车，隔离1600m。考虑撤离隔离区内的人员、物资 • 疏散无关人员并划定警戒区 • 在上风、上坡或上游处停留，切勿进入低洼处 • 气体比空气重，可沿地面扩散，并在低洼处或有限空间(如下水道、地下室等)聚集 • 进入密闭空间之前必须先通风

应急行动

泄漏处理

- 消除所有点火源(泄漏区附近禁止吸烟,消除所有明火、火花或火焰)
- 使用防爆的通信工具
- 作业时所有设备应接地
- 在确保安全的情况下,采用关阀、堵漏等措施,以切断泄漏源
- 防止气体通过下水道、通风系统扩散或进入有限空间
- 喷雾状水吸收或稀释漏出气
- 隔离泄漏区直至气体散尽
- 可考虑引燃泄漏物以减少有毒气体扩散

火灾扑救

灭火剂:干粉、二氧化碳、雾状水、泡沫

- 若不能切断泄漏气源,则不得扑灭正在燃烧的气体
- 在确保安全的前提下,将容器移离火场
- 用大量水冷却容器,直至火灾扑灭
- 容器突然发出异常声音或发生异常现象,立即撤离
- 毁损容器由专业人员处置

急救

- 眼睛接触:立即提起眼睑,用大量流动清水或生理盐水彻底冲洗 10~15min。就医
- 吸入:迅速脱离现场至空气新鲜处。保持呼吸道通畅。如呼吸困难,给输氧。呼吸、心跳停止,立即进行心肺复苏术。就医。高压氧治疗

46. 硫黄

别　名：硫　CAS 号：7704-34-9

特别警示	★ 不良导体，在储运过程中易产生静电荷，可导致硫尘起火
化学式	分子式　S
危险性	危险性类别 • 易燃固体，类别 2 • 象形图： • 警示词：警告 危险货物分类 (1) 联合国危险货物编号(UN 号)：1350 • 联合国运输名称：硫 • 联合国危险性类别：4.1 • 包装类别：Ⅲ • 包装标志： (2) 联合国危险货物编号(UN 号)：2448 • 联合国运输名称：熔融硫黄

危险性	• 联合国危险性类别：4.1 • 包装类别：Ⅲ • 包装标志： **燃烧爆炸危险性** • 易燃，粉尘与空气混合能形成爆炸性混合物 • 储运过程中易产生静电积聚，可导致硫尘起火或爆炸 **健康危害** • 元素硫无毒 • 吞食 10~20g 本品可出现硫化氢中毒的表现 **环境影响** • 燃烧产生 SO_2，对环境有严重的危害
理化特性及用途	**理化特性** • 淡黄色脆性结晶或粉末，有特殊臭味。不溶于水 • 熔点：107℃（γ-硫）、115℃（β-硫）、120℃（无定形硫） • 相对密度：2.0 **用途** • 用于制造硫酸和各种硫化合物、杀虫剂、硫化染料、医用硫黄软膏以及橡胶硫化剂等。也可用来生产硫肥、高能钠硫蓄电池、造纸和食品生产中用的熏蒸剂等
个体防护	**泄漏** • 佩戴防尘面具 • 穿防静电工作服 • 接触液态硫黄应佩戴全防型滤毒罐，穿隔热服

个体防护	火灾 • 佩戴全防型滤毒罐 • 穿简易防化服 • 戴防化手套 • 穿防化安全靴
应急行动	**隔离与公共安全** 　泄漏：污染范围不明的情况下，初始隔离至少25m，下风向疏散至少100m 　火灾：火场内如有储罐、槽车或罐车，隔离800m。考虑撤离隔离区内的人员、物资 • 疏散无关人员并划定警戒区 • 在上风、上坡或上游处停留
	泄漏处理 • 消除所有点火源(泄漏区附近禁止吸烟，消除所有明火、火花或火焰) • 禁止接触或跨越泄漏物 • 小量固体泄漏，用洁净的铲子收集泄漏物 • 若发生大量泄漏，用水湿润并筑堤堵截。防止泄漏物进入水体、下水道、地下室或有限空间
	火灾扑救 　灭火剂：干粉、二氧化碳、水、雾状水、抗溶性泡沫 • 在确保安全的前提下，转移火场中的物品
	急救 • 皮肤接触：脱去污染的衣着，用清水彻底冲洗皮肤 • 眼睛接触：提起眼睑，用流动清水或生理盐水冲洗 • 吸入：脱离现场至空气新鲜处 • 食入：饮水，禁止催吐。就医

47. 硫芥

别　名:芥子气；二氯二乙硫醚　CAS 号:505-60-2

特别警示	★ 确认人类致癌物 ★ 军事毒剂 ★ 易被漂白粉、次氯酸钙等物质氧化而失去毒性
化学式	分子式　$C_4H_8Cl_2S$　结构式　Cl～～S～～Cl
危险性	危险性类别 • 急性毒性-经口，类别 2 • 急性毒性-经皮，类别 1 • 急性毒性-吸入，类别 1 • 皮肤腐蚀/刺激，类别 1 • 严重眼损伤/眼刺激，类别 1 • 生殖细胞致突变性，类别 1B • 致癌性，类别 1A • 生殖毒性，类别 1B • 特异性靶器官毒性--次接触，类别 1 • 特异性靶器官毒性-反复接触，类别 1 • 象形图:  • 警示词:危险

<table>
<tr><td rowspan="5">危险性</td><td>

危险货物分类

- 联合国危险货物编号（UN 号）：2927
- 联合国运输名称：有机毒性液体，腐蚀性，未另作规定的
- 联合国危险性类别：6.1, 8
- 包装类别：Ⅰ

- 包装标志：

</td></tr>
<tr><td>

燃烧爆炸危险性

- 可燃

</td></tr>
<tr><td>

健康危害

- 糜烂性毒剂。皮肤接触后出现红斑、水肿、水疱、糜烂、溃疡，易发生感染。眼接触发生结膜炎、角膜结膜炎，重者发生角膜浑浊或溃疡，甚至角膜穿孔
- 误食染毒食物或水，引起急性胃肠炎。重者可致消化道穿孔
- 呼吸道损伤轻者引起气管炎、支气管炎。重者引起伪膜性支气管炎，继发化脓性支气管炎及肺炎
- 全身中毒出现神经系统、造血系统损害。尚可引起心律失常、休克、代谢紊乱甚至恶液质

</td></tr>
<tr><td>

环境影响

- 在土壤中有中等强度的迁移性
- 对动植物有很大的危害，是危险的空气污染物
- 对水生生物有强的毒性作用，能造成长期的影响

</td></tr>
</table>

理化特性及用途	理化特性
	● 纯品为无色油状液体,工业品呈深褐色。有大蒜气味。常温下缓慢水解成盐酸和无毒的二羟二乙硫醚
	● 熔点:14.4℃
	● 相对密度:1.27
	● 闪点:104℃
	用途
	● 用作化学战争毒气。用于有机合成和制药
个体防护	● 佩戴正压式空气呼吸器或全防型滤毒罐
	● 穿封闭式防化服
应急行动	隔离与公共安全
	泄漏:污染范围不明的情况下,初始隔离至少300m,下风向疏散至少1000m。然后进行气体浓度检测,根据有害蒸气的实际浓度,调整隔离、疏散距离
	火灾:火场内如有储罐、槽车或罐车,隔离800m。考虑撤离隔离区内的人员、物资
	● 疏散无关人员并划定警戒区
	● 在上风、上坡或上游处停留,切勿进入低洼处
	● 加强现场通风
	泄漏处理
	● 消除所有点火源(泄漏区附近禁止吸烟,消除所有明火、火花或火焰)
	● 在保证安全的情况下切断泄漏源
	● 未穿全身防护服时,禁止触及毁损容器或泄漏物

- 筑堤或挖沟槽收容泄漏物，防止进入水体、下水道、地下室或密闭性空间
- 用砂土或其他不燃材料吸收泄漏物
- 将漂粉精、氯胺、漂白粉撒在液体上，待其分解后用水冲洗，污水稀释后放入废水系统

火灾扑救

灭火剂：干粉、雾状水、抗溶性泡沫、二氧化碳

- 在确保安全的前提下，将容器移离火场
- 筑堤收容消防污水以备处理，不得随意排放
- 用大量水冷却容器，直至火灾扑灭
- 容器突然发出异常声音或发生异常现象，立即撤离

急救

- 吸入：抢救人员须佩戴空气呼吸器、穿防毒服进入现场。若无呼吸器，可用小苏打(碳酸氢钠)稀溶液或水浸湿的毛巾掩口鼻短时间进入现场。快速将中毒者移至上风向空气清新处。用2%碳酸氢钠水溶液清洗鼻腔、漱口或雾化吸入。吸入抗烟剂1~2支(抗烟剂为乙醚20mL、氯仿及乙醇各40mL、氨水5~10滴混合制成的1~2mL安瓿50支)。就医
- 皮肤接触：涂抹4%~5%氯胺或其他含有活性氯的物质(如1:5或1:10漂白粉浆)，3~4min内把它们洗掉，以免刺激皮肤。伤口染毒时，用净水冲洗伤口，周围皮肤用上述消毒液消毒，就医
- 眼睛接触：用2%碳酸氢钠水溶液仔细冲洗，再用净水彻底冲洗。就医
- 食入：可用手指刺激喉头的方法催吐，口服2%碳酸氢钠溶液，再用手指刺激喉头催吐，吐净后口服活性炭。就医
- 全身中毒：若有全身中毒的可能，应尽快足量静脉注射硫代硫酸钠。就医

应急行动

48. 硫酸

CAS 号：7664-93-9

特别警示	★ 酸雾是确认人类致癌物。有强腐蚀性，接触可致人体严重灼伤 ★ 浓硫酸和发烟硫酸与可燃物接触易着火燃烧 ★ 浓硫酸遇水大量放热，可发生沸溅
化学式	分子式 H_2SO_4 结构式 $HO-\overset{\overset{O}{\|\|}}{\underset{\underset{O}{\|\|}}{S}}-OH$
危险性	**危险性类别** • 皮肤腐蚀/刺激，类别 1A • 严重眼损伤/眼刺激，类别 1 • 象形图： • 警示词：危险 **危险货物分类** • 联合国危险货物编号(UN 号)：1830 • 联合国运输名称：硫酸，含酸高于 51% • 联合国危险性类别：8 • 包装类别：Ⅱ • 包装标志：

<table>
<tr><td rowspan="5">危险性</td><td>

燃烧爆炸危险性
- 本品不燃，与活泼金属反应生成易于燃烧爆炸的氢气

健康危害
- 职业接触限值：$PC-TWA$ 1mg/m^3（G1）；$PC-STEL$ 2mg/m^3（G1）
- $IDLH$：15mg/m^3
- 急性毒性：大鼠经口 LD_{50}：2140mg/kg；大鼠吸入 LC_{50}：510mg/m^3（2h）
- 对皮肤、黏膜等组织有强烈的刺激和腐蚀作用
- 皮肤和眼接触引起严重灼伤，食入引起消化道灼伤
- 吸入硫酸雾引起眼和呼吸道刺激，重者引起支气管炎、肺炎和肺水肿

环境影响
- 进入水体后，会使水中 pH 值急剧下降，对水生生物和底泥微生物是致命的

</td></tr>
</table>

理化特性及用途

理化特性
- 纯品为无色油状液体。工业品因含杂质而呈黄、棕等色。与水混溶，同时产生大量热，会使酸液飞溅伤人或引起飞溅。与碱发生放热中和反应
- 熔点：10.5℃
- 沸点：330.0℃
- 相对密度：1.83（98.3%）

用途
- 用于制造硫酸铵、硫酸铝等。有机合成中用作脱水剂和磺化剂。石油工业用于油品精制和作为烷基化装置的催化剂等。金属、搪瓷等工业中用作酸洗剂。黏胶纤维工业中用于配制凝固浴

个体防护	<ul><li>佩戴全防型滤毒罐</li><li>穿封闭式防化服</li></ul>
应急行动	**隔离与公共安全** 泄漏：污染范围不明的情况下，初始隔离至少300m。然后进行气体浓度检测，根据有害蒸气或烟雾的实际浓度，调整隔离距离 火灾：火场内如有储罐、槽车或罐车，隔离800m。考虑撤离隔离区内的人员、物资 <ul><li>疏散无关人员并划定警戒区</li><li>在上风、上坡或上游处停留，切勿进入低洼处</li><li>进入密闭空间之前必须先通风</li></ul>**泄漏处理**<ul><li>未穿全身防护服时，禁止触及毁损容器或泄漏物</li><li>在确保安全的情况下，采用关阀、堵漏等措施以切断泄漏源</li><li>构筑围堤或挖沟槽收容泄漏物，防止进入水体、下水道、地下室或有限空间</li><li>用砂土或其他不燃材料吸收泄漏物</li><li>用石灰或碳酸氢钠中和泄漏物</li><li>如果储罐或槽车发生泄漏，可通过倒罐转移尚未泄漏的液体</li></ul>

应急行动

水体泄漏

● 沿河两岸进行警戒，严禁取水、用水、捕捞等一切活动

● 在下游筑坝拦截污水，同时在上游开渠引流，让清洁水改走新河道

● 可洒入大量石灰或加入碳酸氢钠中和污染物

火灾扑救

灭火剂：不燃。根据着火原因选择适当灭火剂灭火

● 在确保安全的前提下，将容器移离火场

储罐、公路/铁路槽车火灾

● 用大量水冷却容器，直至火灾扑灭

● 禁止将水注入容器

● 容器突然发出异常声音或发生异常现象，立即撤离

● 切勿在储罐两端停留

急救

● 皮肤接触：立即脱去污染的衣着，用大量流动清水冲洗20~30min。就医

● 眼睛接触：立即提起眼睑，用大量流动清水或生理盐水彻底冲洗10~15min。就医

● 吸入：迅速脱离现场至空气新鲜处。保持呼吸道通畅。如呼吸困难，给输氧。呼吸、心跳停止，立即进行心肺复苏术。就医

● 食入：用水漱口，给饮牛奶或蛋清。就医

49. 硫酸二甲酯

别　名：**硫酸甲酯**　CAS 号：**77-78-1**

特别警示	★ 有强烈刺激作用，可致人体灼伤 ★ 火场温度下可发生剧烈分解，引起容器破裂或爆炸事故
化学式	分子式　$C_2H_6O_4S$　结构式
危险性	危险性类别 ● 急性毒性-经口，类别 3* ● 急性毒性-吸入，类别 2* ● 皮肤腐蚀/刺激，类别 1B ● 严重眼损伤/眼刺激，类别 1 ● 皮肤致敏物，类别 1 ● 生殖细胞致突变性，类别 2 ● 致癌性，类别 1B ● 特异性靶器官毒性-一次接触，类别 3(呼吸道刺激) ● 危害水生环境-急性危害，类别 2 ● 象形图： ● 警示词：危险

危险货物分类

- 联合国危险货物编号(UN号)：1595
- 联合国运输名称：硫酸二甲酯
- 联合国危险性类别：6.1，8
- 包装类别：I

- 包装标志：

燃烧爆炸危险性

- 可燃，蒸气与空气可形成爆炸性混合物，遇明火、高热会导致燃烧爆炸。燃烧时释放出刺激性或有毒烟雾(或气体)
- 蒸气比空气重，能在较低处扩散到相当远的地方，遇火源会着火回燃
- 若遇高热可发生剧烈分解，引起容器破裂或爆炸事故

健康危害

- 职业接触限值：$PC-TWA$ 0.5mg/m^3(皮)(G2A)
- $IDLH$：7mg/m^3
- 急性毒性：大鼠经口 LD_{50}：205mg/kg；大鼠吸入 LC_{50}：45mg/m^3(4h)
- 有强烈的刺激作用和腐蚀性
- 接触蒸气引起结膜炎、角膜炎、呼吸道炎、支气管肺炎。重者发生肺水肿。肺水肿可迟发。可发生喉头水肿或支气管黏膜脱落致窒息。可出现心、肝、肾损害
- 误服灼伤消化道；可致眼、皮肤灼伤

危险性

危险性	环境影响
	• 易水解，使水中 pH 值下降，在很低的浓度下就能对水生生物造成危害

理化特性及用途	理化特性
	• 无色液体。不溶于水
	• 沸点：188.3℃
	• 相对密度：1.33
	• 闪点：83℃（开杯）
	用途
	• 在有机合成中用作甲基化剂，用以制造甲酯、甲醚、甲胺等。是二甲基亚砜、咖啡因、香草醛、氨基比林、乙酰甲胺磷等的原料

个体防护	• 佩戴全防型滤毒罐
	• 穿封闭式防化服

应急行动	隔离与公共安全
	泄漏：污染范围不明的情况下，初始隔离至少300m，下风向疏散至少1000m。然后进行气体浓度检测，根据有害蒸气的实际浓度调整隔离、疏散距离
	火灾：火场内如有储罐、槽车或罐车，隔离800m。考虑撤离隔离区内的人员、物资
	• 疏散无关人员并划定警戒区
	• 在上风、上坡或上游处停留，切勿进入低洼处
	• 加强现场通风

<table>
<tr><td rowspan="1">应急行动</td><td>

泄漏处理

- 消除所有点火源（泄漏区附近禁止吸烟，消除所有明火、火花或火焰）
- 使用防爆的通信工具
- 作业时所有设备应接地
- 未穿全身防护服时，禁止触及毁损容器或泄漏物
- 在确保安全的情况下，采用关阀、堵漏等措施，以切断泄漏源
- 筑堤或挖沟槽收容泄漏物，防止进入水体、下水道、地下室或有限空间
- 用砂土或其他不燃材料吸收泄漏物

火灾扑救

灭火剂：干粉、二氧化碳、干砂

- 在确保安全的前提下，将容器移离火场

储罐、公路/铁路槽车火灾

- 用大量水冷却容器，直至火灾扑灭
- 容器突然发出异常声音或发生异常现象，立即撤离
- 切勿在储罐两端停留

急救

- 皮肤接触：立即脱去污染的衣着，用大量流动清水冲洗 20~30min。就医
- 眼睛接触：立即提起眼睑，用大量流动清水或生理盐水彻底冲洗 10~15min。就医
- 吸入：迅速脱离现场至空气新鲜处。保持呼吸道通畅。如呼吸困难，给输氧。呼吸、心跳停止，立即进行心肺复苏术。就医。注意防治肺水肿
- 食入：用水漱口，给饮牛奶或蛋清。就医

</td></tr>
</table>

50. 氯化钡

CAS号：**10361-37-2**

特别警示	★ 口服可致死
化学式	分子式　BaCl₂　结构式　Cl—Ba—Cl
危险性	危险性类别 ● 急性毒性-经口，类别3* ● 象形图： ● 警示词：危险 危险货物分类 ● 联合国危险货物编号（UN号）：1564 ● 联合国运输名称：钡化合物，未另作规定的 ● 联合国危险性类别：6.1 ● 包装类别：Ⅱ ● 包装标志：

危险性

燃烧爆炸危险性
- 本品不燃

健康危害
- 急性毒性：大鼠经口 LD_{50}：118mg/kg
- $IDLH$：50mg/m³（按 Ba 计）
- 口服急性中毒表现为恶心、呕吐、腹痛、腹泻、脉缓、肌麻痹、心律紊乱、血钾降低等
- 吸入本品粉尘可引起中毒，但消化道症状不明显
- 接触高温本品溶液造成皮肤灼伤可同时吸收中毒

环境影响
- 对水生生物有害

理化特性及用途

理化特性
- 无色结晶。露置空气中能吸收水分。溶于水
- 熔点：962℃[α 型]；963℃[β 型]
- 相对密度：3.856[α 型]；3.917[β 型]

用途
- 用作脱水剂、分析试剂、机械加工中的热处理剂。是制造有机颜料和钡颜料的主要原料。用于精制电解法制烧碱的盐水和锅炉用水。纺织工业和皮革工业用作媒染剂和人造丝消光剂。还用于电子、仪表和冶金工业

个体防护	• 佩戴防尘面具 • 穿简易防化服 • 戴防化手套 • 穿防化安全靴
应急行动	**隔离与公共安全** 　泄漏：污染范围不明的情况下，初始隔离至少25m，下风向疏散至少100m。如果溶液发生泄漏，初始隔离至少50m，下风向疏散至少300m 　火灾：火场内如有储罐、槽车或罐车，隔离800m。考虑撤离隔离区内的人员、物资 • 疏散无关人员并划定警戒区 • 在上风、上坡或上游处停留，切勿进入低洼处 **泄漏处理** • 用塑料布、帆布覆盖，减少扩散和避免雨淋 • 用洁净的铲子收集泄漏物 **火灾扑救** 　灭火剂：不燃。根据着火原因选择适当灭火剂灭火 • 在确保安全的前提下，将容器或包装移离火场 • 用大量水冷却容器，直至火灾扑灭 **急救** • 皮肤接触：脱去污染的衣着，用清水彻底冲洗皮肤。就医 • 眼睛接触：提起眼睑，用流动清水或生理盐水冲洗。就医 • 吸入：迅速脱离现场至空气新鲜处。保持呼吸道通畅。如呼吸困难，给输氧。呼吸、心跳停止，立即进行心肺复苏术。就医 • 食入：饮足量温水，催吐。用2%~5%硫酸钠或硫酸镁溶液洗胃，导泻。就医 • 解毒剂：硫酸钠、硫酸镁、硫代硫酸钠

51. 氯化氢

CAS 号: 7647-01-0

<table>
<tr>
<td rowspan="3">特别警示</td>
<td>★ 有强烈刺激作用，遇水时有强腐蚀性</td>
</tr>
<tr>
<td rowspan="1" style="vertical-align:top">化学式</td>
</tr>
</table>

特别警示	★ 有强烈刺激作用，遇水时有强腐蚀性
化学式	分子式 HCl 结构式 H—Cl
危险性	危险性类别 • 加压气体 • 急性毒性-吸入，类别 3 * • 皮肤腐蚀/刺激，类别 1A • 严重眼损伤/眼刺激，类别 1 • 危害水生环境-急性危害，类别 1 • 象形图： • 警示词：危险 危险货物分类 （1）联合国危险货物编号（UN 号）：1050 • 联合国运输名称：无水氯化氢 • 联合国危险性类别：2.3，8 • 包装类别： • 包装标志：

(2) 联合国危险货物编号(UN号)：2186

- 联合国运输名称：冷冻液态氯化氢
- 联合国危险性类别：2.3，8
- 包装类别：
- 包装标志：

燃烧爆炸危险性

- 本品不燃

危险性

健康危害

- 职业接触限值：MAC 7.5mg/m³
- $IDLH$：50ppm
- 急性毒性：大鼠吸入 LC_{50}：4600mg/m³(1h)
- 对眼和呼吸道黏膜有较强的刺激作用
- 吸入后引起急性中毒，出现眼和呼吸道刺激症状，支气管炎，重者发生肺炎、肺水肿、肺不张。眼角膜可见溃疡或浑浊
- 皮肤直接接触可出现大量粟粒样红色小丘疹而呈潮红痛热

环境影响

- 进入水体后，生成盐酸，使水中 pH 值急剧下降，对水生生物和底泥微生物是致命的
- 是有害的空气污染物

理化特性及用途	**理化特性** 　● 无色气体，有刺激性气味。易溶于水。能与碱液发生放热中和反应 　● 气体相对密度：1.27
	用途 　● 用于制盐酸、氯化物、染料、香料、药物等，并用作有机化学的缩合剂等
个体防护	● 佩戴正压式空气呼吸器 　● 穿内置式重型防化服
应急行动	**隔离与公共安全** 　泄漏：污染范围不明的情况下，初始隔离至少500m，下风向疏散至少1500m。然后进行气体浓度检测，根据有害气体的实际浓度，调整隔离、疏散距离 　火灾：火场内如有储罐、槽车或罐车，隔离1600m。考虑撤离隔离区内的人员、物资 　● 疏散无关人员并划定警戒区 　● 在上风、上坡或上游处停留，切勿进入低洼处 　● 气体比空气重，可沿地面扩散，并在低洼处或限制性空间(如下水道、地下室等)聚集 　● 进入密闭空间之前必须先通风

应急行动

泄漏处理
- 在确保安全的情况下，采用关阀、堵漏等措施，以切断泄漏源
- 防止气体通过下水道、通风系统扩散或进入有限空间
- 喷雾状水溶解、稀释漏出气
- 高浓度泄漏区喷碳酸氢钠稀碱液中和
- 隔离泄漏区直至气体散尽

火灾扑救
灭火剂：不燃。根据着火原因选择适当灭火剂灭火
- 在确保安全的前提下，将容器移离火场
- 尽可能远距离灭火或使用遥控水枪或水炮扑救
- 用大量水冷却容器，直至火灾扑灭
- 容器突然发出声音或发生异常现象，立即撤离
- 毁损容器由专业人员处置

急救
- 皮肤接触：立即脱去污染的衣着，用大量流动清水冲洗 20~30min。就医
- 眼睛接触：立即提起眼睑，用大量流动清水或 3% 碳酸氢钠彻底冲洗 10~15min。就医
- 吸入：迅速脱离现场至空气新鲜处。保持呼吸道通畅。如呼吸困难，给输氧。呼吸、心跳停止，立即进行心肺复苏术。就医

52. 氯磺酸

CAS 号：**7790-94-5**

特别警示	★ 有强腐蚀性和强氧化性，皮肤接触液体可致重度灼伤 ★ 遇水猛烈分解，产生大量的热和浓烟，甚至爆炸 ★ 禁止将水注入容器
化学式	分子式　HSO_3Cl　结构式　$O=\overset{\displaystyle OH}{\underset{\displaystyle Cl}{S}}=O$
危险性	危险性类别 ● 急性毒性–经口，类别 2 ● 皮肤腐蚀/刺激，类别 1B ● 严重眼损伤/眼刺激，类别 1 ● 特异性靶器官毒性—一次接触，类别 3（呼吸道刺激） ● 危害水生环境–急性危害，类别 2 ● 象形图： ● 警示词：危险 危险货物分类 ● 联合国危险货物编号（UN 号）：1754 ● 联合国运输名称：氯磺酸（含或不含三氧化硫）

危险性	● 联合国危险性类别：8 ● 包装类别：Ⅰ ● 包装标志： **燃烧爆炸危险性** ● 本品不燃，可助燃 ● 遇水猛烈分解，生成硫酸和氯化氢，产生大量的热和浓烟，甚至爆炸 ● 在潮湿空气中能腐蚀金属并放出氢气，容易引起燃烧爆炸 **健康危害** ● 急性毒性：大鼠经口 LD_{50}：50mg/kg；大鼠吸入 LC_{50}：4779mg/m³(4h) ● 蒸气对黏膜和呼吸道有明显刺激作用。吸入高浓度可引起化学性肺炎和肺水肿 ● 眼和皮肤接触液体可致重度灼伤 **环境影响** ● 水体中浓度较高时，对水生生物有害
理化特性及用途	**理化特性** ● 无色半油状液体，有极浓的刺激性气味。在空气中发烟。强氧化性 ● 沸点：151℃ ● 相对密度：1.77

理化特性及用途	用途 • 用于制造磺胺类药品和糖精。用作染料中间体、磺化剂、脱水剂。军事上用作烟幕剂。还用于制造离子交换树脂、塑料、农药
个体防护	• 佩戴全防型滤毒罐 • 穿封闭式防化服

应急行动	隔离与公共安全
	  泄漏：污染范围不明的情况下，初始隔离至少300m，下风向疏散至少1000m。如果泄漏到水中，初始隔离至少300m，下风向疏散至少1000m。然后分段测试，根据有害蒸气或烟雾以及水体污染物的实际浓度，调整隔离、疏散距离
	  火灾：火场内如有储罐、槽车或罐车，隔离800m。考虑撤离隔离区内的人员、物资
	• 疏散无关人员并划定警戒区
	• 在上风、上坡或上游处停留，切勿进入低洼处
	• 进入密闭空间之前必须先通风
	
	泄漏处理
	• 未穿全身防护服时，禁止触及毁损容器或泄漏物
	• 在确保安全的情况下，采用关阀、堵漏等措施，以切断泄漏源
	• 构筑围堤或挖沟槽收容泄漏物，防止进入水体、下水道、地下室或有限空间

应急行动	● 喷雾状水溶解、稀释烟雾，禁止将水直接喷向泄漏区或容器内 ● 用砂土或其他不燃材料吸收泄漏物 ● 用石灰（CaO）、石灰石（$CaCO_3$）或碳酸氢钠（$NaHCO_3$）中和泄漏物 **水体泄漏** ● 沿河两岸进行警戒，严禁取水、用水、捕捞等一切活动 ● 在下游筑坝拦截污染水，同时在上游开渠引流，让清洁水改走新河道 ● 可洒入石灰（CaO）、石灰石（$CaCO_3$）或碳酸氢钠（$NaHCO_3$）中和污染物 **火灾扑救** 　灭火剂：干粉、二氧化碳、干砂 ● 在确保安全的前提下，将容器移离火场 **储罐、公路/铁路槽车火灾** ● 用大量水冷却容器，直至火灾扑灭 ● 禁止将水注入容器 ● 容器突然发出异常声音或发生异常现象，立即撤离 ● 切勿在储罐两端停留 **急救** ● 皮肤接触：立即脱去污染的衣着，用大量流动清水冲洗 20~30min。就医 ● 眼睛接触：立即提起眼睑，用大量流动清水或生理盐水彻底冲洗 10~15min。就医 ● 吸入：迅速脱离现场至空气新鲜处。保持呼吸道通畅。如呼吸困难，给输氧。呼吸、心跳停止，立即进行心肺复苏术。就医 ● 食入：用水漱口，给饮牛奶或蛋清。就医

53. 氯甲基甲醚

别　名：**甲基氯甲醚**　　CAS 号：**107-30-2**

特别警示	★ 确认人类致癌物 ★ 剧毒，有强烈刺激性 ★ 易燃，其蒸气与空气混合，能形成爆炸性混合物 ★ 不得使用直流水扑救
化学式	分子式　C_2H_5ClO　　结构式　
危险性	危险性类别 • 易燃液体，类别 2 • 急性毒性-经口，类别 1 • 致癌性，类别 1A • 象形图：　 • 警示词：危险
	危险货物分类 • 联合国危险货物编号（UN 号）：1239 • 联合国运输名称：甲基氯甲基醚 • 联合国危险性类别：6.1，3 • 包装类别：I • 包装标志：

危险性	**燃烧爆炸危险性** • 易燃，与空气混合能形成爆炸性混合物，遇热源和明火有燃烧爆炸的危险 • 比空气重，能在较低处扩散到相当远的地方，遇火源会着火回燃 • 燃烧产物有毒，含有光气、氯化氢、一氧化碳
	健康危害 • 职业接触限值：*MAC* 0.005mg/m³(G1) • 急性毒性：大鼠经口 LD_{50}：500mg/kg；大鼠吸入 LC_{50}：179.8mg/m³(7h) • 剧毒化学品。对呼吸道有强烈刺激性 • 吸入高浓度后立即发生流泪、咽痛、剧烈呛咳等，脱离接触后可逐渐好转。但经数小时至24h潜伏期后，可发生化学性肺炎、肺水肿 • 眼及皮肤接触可致灼伤 • 本品可致肺癌
	环境影响 • 易水解，生成甲醇、甲醛、盐酸，可能对水生生物有害 • 易挥发，是有害的空气污染物
理化特性及用途	**理化特性** • 无色或微黄色液体，带有刺激性气味 • 沸点：59.5℃ • 相对密度：1.06 • 闪点：1.56℃

理化特性及用途	**用途** • 主要用于制取阴离子交换树脂。还用于生产磺胺嘧啶药物等。在有机合成中用作氯甲基化剂
个体防护	• 佩戴全防型滤毒罐 • 穿封闭式防化服
应急行动	**隔离与公共安全** 　泄漏：污染范围不明的情况下，初始隔离至少300m，下风向疏散至少1000m。然后分段测试，根据有害蒸气的实际浓度，调整隔离、疏散距离 　火灾：火场内如有储罐、槽车或罐车，隔离800m。考虑撤离隔离区内的人员、物资 • 疏散无关人员并划定警戒区 • 在上风、上坡或上游处停留，切勿进入低洼处 • 进入密闭空间之前必须先通风 **泄漏处理** • 消除所有点火源(泄漏区附近禁止吸烟，消除所有明火、火花或火焰) • 使用防爆的通信工具 • 在确保安全的情况下，采用关阀、堵漏等措施，以切断泄漏源 • 作业时所有设备应接地

应急行动	• 构筑围堤或挖沟槽收容泄漏物，防止进入水体、下水道、地下室或有限空间 • 用抗溶性泡沫覆盖泄漏物，减少挥发 • 用砂土或其他不燃材料吸收泄漏物 • 如果储罐发生泄漏，可通过倒罐转移尚未泄漏的液体
	火灾扑救 灭火剂：干粉、二氧化碳、干砂 • 在确保安全的前提下，将容器移离火场 • 筑堤收容消防污水以备处理，不得随意排放 • 不得使用直流水扑救 储罐、公路/铁路槽车火灾 • 尽可能远距离灭火或使用遥控水枪或水炮扑救 • 用大量水冷却容器，直至火灾扑灭 • 容器突然发出异常声音或发生异常现象，立即撤离 • 切勿在储罐两端停留
	急救 • 皮肤接触：立即脱去污染的衣着，用大量流动清水冲洗 20~30min。就医 • 眼睛接触：立即提起眼睑，用大量流动清水或生理盐水彻底冲洗 10~15min。就医 • 吸入：迅速脱离现场至空气新鲜处。保持呼吸道通畅。如呼吸困难，给输氧。呼吸、心跳停止，立即进行心肺复苏术。就医 • 食入：饮水，禁止催吐。就医

54. 氯甲酸氯甲酯

CAS号：22128-62-7

特别警示	★ 有剧烈刺激作用，有腐蚀性 ★ 不得使用直流水扑救 ★ 容器内禁止注水
化学式	分子式　$C_2H_2Cl_2O_2$　结构式
危险性	危险性类别 • 急性毒性-吸入，类别2 • 皮肤腐蚀/刺激，类别1 • 严重眼损伤/眼刺激，类别1 • 象形图： • 警示词：危险 危险货物分类 • 联合国危险货物编号（UN号）：2745 • 联合国运输名称：氯甲酸氯甲酯 • 联合国危险性类别：6.1，8 • 包装类别：Ⅱ • 包装标志：

危险性	**燃烧爆炸危险性** ● 可燃 **健康危害** ● 急性毒性：大鼠经口 LD_{50}：<50mg/kg ● 具有强烈刺激性和腐蚀性 ● 对呼吸道有剧烈刺激作用，较高的浓度可引起肺水肿 ● 浓度为 1000mg/m³ 时，10min 可致死 ● 可引起眼和皮肤灼伤 **环境影响** ● 易水解，可能对水生生物有害
理化特性及用途	**理化特性** ● 无色液体。与水反应放出有毒烟雾 ● 沸点：107℃ ● 相对密度：1.47 ● 闪点：95℃ **用途** ● 用于制造其他化学品，也用作催泪性毒气
个体防护	● 佩戴全防型滤毒罐 ● 穿封闭式防化服

隔离与公共安全

泄漏：污染范围不明的情况下，初始隔离至少300m，下风向疏散至少1000m。然后进行气体浓度检测，根据有害蒸气的实际浓度，调整隔离、疏散距离

火灾：火场内如有储罐、槽车或罐车，隔离800m。考虑撤离隔离区内的人员、物资

- 疏散无关人员并划定警戒区
- 在上风、上坡或上游处停留，切勿进入低洼处
- 加强现场通风

应急行动

泄漏处理

- 消除所有点火源(泄漏区附近禁止吸烟，消除所有明火、火花或火焰)
- 未穿全身防护服时，禁止触及毁损容器或泄漏物
- 在确保安全的情况下，采用关阀、堵漏等措施，以切断泄漏源
- 勿使水进入包装容器内
- 筑堤或挖沟槽收容泄漏物，防止进入水体、下水道、地下室或有限空间
- 喷雾状水改变蒸气云流向，禁止直流水冲击泄漏物
- 用砂土或其他不燃材料吸收泄漏物

火灾扑救

注意：绝大多数泡沫都与该物质反应并放出有毒或有腐蚀性的气体

灭火剂：二氧化碳、干粉、干砂

- 在确保安全的前提下，将容器移离火场
- 筑堤收容消防污水以备处理，不得随意排放

储罐、公路/铁路槽车火灾

- 禁止将水注入容器
- 用大量水冷却容器，直至火灾扑灭
- 容器突然发出异常声音或发生异常现象，立即撤离
- 切勿在储罐两端停留

应急行动

急救

- 皮肤接触：立即脱去污染的衣着，用大量流动清水冲洗 20~30min。就医
- 眼睛接触：立即提起眼睑，用大量流动清水或生理盐水彻底冲洗 10~15min。就医
- 吸入：迅速脱离现场至空气新鲜处。保持呼吸道通畅。如呼吸困难，给输氧。呼吸、心跳停止，立即进行心肺复苏术。就医
- 食入：用水漱口，给饮牛奶或蛋清。就医

55. 氯甲烷

别　名：一氯甲烷；甲基氯　CAS 号：**74-87-3**

特别警示	★ 有毒 ★ 极易燃 ★ 若不能切断泄漏气源，则不允许熄灭泄漏处的火焰
化学式	分子式　CH_3Cl　结构式　$H-\overset{\displaystyle H}{\underset{\displaystyle H}{C}}-Cl$
危险性	**危险性类别** ● 易燃气体，类别 1 ● 加压气体 ● 特异性靶器官毒性–反复接触，类别 2 * ● 象形图： ● 警示词：危险 **危险货物分类** ● 联合国危险货物编号(UN 号)：1063 ● 联合国运输名称：甲基氯(制冷气体 R 40) ● 联合国危险性类别：2.1 ● 包装类别： ● 包装标志：

危险性

燃烧爆炸危险性

- 极易燃，与空气混合能形成爆炸性混合物，遇火花或高热能引起爆炸，放出有毒气体

健康危害

- 职业接触限值：$PC-TWA$ 60mg/m^3；$PC-STEL$ 120mg/m^3（皮）
- $IDLH$：2000ppm
- 急性毒性：大鼠经口 LD_{50}：1800mg/kg；大鼠吸入 LC_{50}：5300mg/m^3（4h）
- 对中枢神经系统有麻醉作用
- 急性中毒出现头痛、头晕、乏力、视物模糊、精神障碍，严重者躁动、抽搐、昏迷。亦能引起肝、肾损害
- 人吸入浓度大于 1.0mg/m^3 时，可发生中毒
- 可引起皮肤冻伤

环境影响

- 在土壤中具有极强的迁移性
- 在空气中能稳定存在，臭氧消耗潜能值 ODP 为 0.02
- 在有氧状态下，不能被生物降解；在无氧状态下，可被缓慢地生物降解

理化特性及用途	**理化特性** • 无色气体，有弱的醚味。易液化。易溶于水。受高热分解，释放出有毒烟气 • 气体相对密度：1.78 • 爆炸极限：8.1%~17.2%
	用途 • 是重要的甲基化剂，可用于生产甲基纤维素、甲硫醇等。也用于制取有机硅聚合物的甲基氯硅烷混合单体、四甲基铅等的原料。还可用作制冷剂、溶剂等。医药上可作局部麻醉剂使用
个体防护	• 佩戴正压式空气呼吸器 • 穿封闭式防化服 • 处理液化气体时，应穿防寒服
应急行动	**隔离与公共安全** 泄漏：污染范围不明的情况下，初始隔离至少200m下风向疏散至少1000m。然后进行气体浓度检测，根据有害气体的实际浓度，调整隔离、疏散距离 火灾：火场内如有储罐、槽车或罐车，隔离1600m。考虑撤离隔离区内的人员、物资 • 疏散无关人员并划定警戒区 • 在上风、上坡或上游处停留，切勿进入低洼处 • 气体比空气重，可沿地面扩散，并在低洼处或有限空间(如下水道、地下室等)聚集

	泄漏处理
应急行动	● 消除所有点火源(泄漏区附近禁止吸烟,消除所有明火、火花或火焰) ● 使用防爆的通信工具 ● 作业时所有设备应接地 ● 在确保安全的情况下,采用关阀、堵漏等措施,以切断泄漏源 ● 防止气体通过下水道、通风系统扩散或进入有限空间 ● 喷雾状水改变蒸气云流向 ● 隔离泄漏区直至气体散尽
	火灾扑救 灭火剂:干粉、二氧化碳、雾状水、泡沫 ● 若不能切断泄漏气源,则不允许熄灭泄漏处的火焰 ● 在确保安全的前提下,将容器移离火场 **储罐火灾** ● 尽可能远距离灭火或使用遥控水枪或水炮扑救 ● 用大量水冷却容器,直至火灾扑灭 ● 容器突然发出异常声音或发生生异常现象,立即撤离
	急救 ● 皮肤接触:如果发生冻伤,将患部浸泡于保持在 38~42℃ 的温水中复温。不要涂擦。不要使用热水或辐射热。使用清洁、干燥的敷料包扎。就医 ● 吸入:迅速脱离现场至空气新鲜处。保持呼吸道通畅。如呼吸困难,给输氧。呼吸、心跳停止,立即进行心肺复苏术,就医

56. 氯酸钾

别　名：**白药粉**　　CAS 号：**3811-04-9**

特别警示	★ 强氧化剂 ★ 与易燃物、可燃物混合或急剧加热会发生爆炸
化学式	分子式　$KClO_3$　结构式　$$\underset{O^-}{\overset{O}{\underset{\|}{Cl}}}{-}K^+$$
危险性	**危险性类别** • 氧化性固体，类别 1 • 危害水生环境–急性危害，类别 2 • 危害水生环境–长期危害，类别 2 • 象形图： • 警示词：危险
	危险货物分类 • 联合国危险货物编号（UN 号）：1485 • 联合国运输名称：氯酸钾 • 联合国危险性类别：5.1 • 包装类别：Ⅱ • 包装标志：

危险性	燃烧爆炸危险性 • 不燃，可助燃 • 在火焰中释放出刺激性烟雾 • 急剧加热时可发生爆炸
	健康危害 • 急性毒性：大鼠经口 LD_{50}：1870mg/kg • 对皮肤黏膜有强刺激性 • 急性口服中毒可出现胃肠炎症状，出现高铁血红蛋白血症及肝、肾损害，重者发生急性肾功能衰竭
	环境影响 • 对水生生物有毒性作用，能在水环境中造成长期的有害影响
理化特性及用途	理化特性 • 无色片状结晶或白色颗粒粉末，味咸。溶于水。强氧化剂，常温下稳定，在400℃以上则分解并放出氧气 • 熔点：368℃ • 相对密度：2.32
	用途 • 用于制造苯胺黑和其他染料。是制造火柴、烟火和炸药的原料。还用于印刷油墨、造纸、漂白以及医药上的杀菌剂和防腐剂

个体防护	• 佩戴全面罩防尘面具 • 穿简易防化服 • 戴防化手套 • 穿防化安全靴
应急行动	**隔离与公共安全** 　泄漏：污染范围不明的情况下，初始隔离至少25m，下风向疏散至少100m 　火灾：火场内如有储罐、槽车或罐车，隔离800m。考虑撤离隔离区内的人员、物资 • 疏散无关人员并划定警戒区 • 在上风、上坡或上游处停留，切勿进入低洼处 **泄漏处理** • 远离易燃、可燃物（如木材、纸张、油品等） • 未穿全身防护服时，禁止触及毁损容器或泄漏物 • 在确保安全的情况下，采用关阀、堵漏等措施，以切断泄漏源 • 用洁净的铲子收集泄漏物

火灾扑救

灭火剂：用大量水扑救，同时用干粉灭火剂闷熄

- 远距离用大量水灭火
- 在确保安全的前提下，将容器移离火场
- 切勿开动已处于火场中的货船或车辆
- 尽可能远距离灭火或使用遥控水枪或水炮扑救
- 用大量水冷却容器，直至火灾扑灭

应急行动

急救

- 皮肤接触：脱去污染的衣着，用清水彻底冲洗皮肤。就医
- 眼睛接触：提起眼睑，用流动清水或生理盐水冲洗。就医
- 吸入：迅速脱离现场至空气新鲜处。保持呼吸道通畅。如呼吸困难，给输氧。呼吸、心跳停止，立即进行心肺复苏术。就医
- 食入：饮足量温水，催吐。就医

57. 氯乙醇

别　名：**2-氯乙醇**　　CAS 号：**107-07-3**

特别警示	★ **剧毒** ★ **易燃，其蒸气与空气混合，能形成爆炸性混合物** ★ **不得使用直流水扑救**
化学式	分子式　C_2H_5ClO　结构式
危险性	危险性类别 • 急性毒性-经口，类别 2＊ • 急性毒性-经皮，类别 1 • 急性毒性-吸入，类别 2＊ • 危害水生环境-急性危害，类别 2 • 象形图：  • 警示词：危险
	危险货物分类 • 联合国危险货物编号(UN 号)：1135 • 联合国运输名称：2-氯乙醇 • 联合国危险性类别：6.1, 3 • 包装类别： I • 包装标志：

危险性	**燃烧爆炸危险性** • 易燃，燃烧时释放出含氯化氢、光气和一氧化碳的有毒气体 **健康危害** • 职业接触限值：MAC 2mg/m³（皮） • $IDLH$：7ppm • 急性毒性：大鼠经口 LD_{50}：71mg/kg；兔经皮 LD_{50}：700mg/kg；大鼠吸入 LC_{50}：290mg/m³ • 剧毒化学品 • 高浓度蒸气对眼、上呼吸道有刺激性。出现头痛、头晕、嗜睡、恶心、呕吐，继之乏力、呼吸困难、紫绀、共济失调、抽搐、昏迷。重者还可出现肺水肿和心、肝、肾损害。口服可致死 • 皮肤接触出现红斑。可经皮吸收引起中毒 **环境影响** • 在土壤中具有极强的迁移性 • 易被生物降解
理化特性及用途	**理化特性** • 无色液体，微具醚味。与水混溶 • 沸点：128.8℃ • 相对密度：1.20 • 闪点：55℃ • 爆炸极限：4.9%~15.9% **用途** • 用作有机合成的中间体，用于制备溶纤素、芥子气、医药、染料、农药和聚硫橡胶等

个体防护	• 佩戴全防型滤毒罐 • 穿封闭式防化服
应急行动	**隔离与公共安全** 　泄漏：污染范围不明的情况下，初始隔离至少100m，下风向疏散至少500m。然后进行气体浓度检测，根据有害蒸气的实际浓度，调整隔离、疏散距离 　火灾：火场内如有储罐、槽车或罐车，隔离800m。考虑撤离隔离区内的人员、物资 • 疏散无关人员并划定警戒区 • 在上风、上坡或上游处停留，切勿进入低洼处 • 进入密闭空间之前必须先通风 **泄漏处理** • 消除所有点火源(泄漏区附近禁止吸烟，消除所有明火、火花或火焰) • 使用防爆的通信工具 • 在确保安全的情况下，采用关阀、堵漏等措施，以切断泄漏源 • 作业时所有设备应接地 • 构筑围堤或挖沟槽收容泄漏物，防止进入水体、下水道、地下室或有限空间 • 喷雾状水改变蒸气云流向，禁止直流水冲击泄漏物 • 用抗溶性泡沫覆盖泄漏物，减少挥发 • 用砂土或其他不燃材料吸收泄漏物 • 如果储罐发生泄漏，可通过倒罐转移尚未泄漏的液体

火灾扑救

　　灭火剂：干粉、二氧化碳、雾状水、抗溶性泡沫

- 在确保安全的前提下，将容器移离火场
- 筑堤收容消防污水以备处理，不得随意排放
- 不得使用直流水扑救

储罐、公路/铁路槽车火灾

- 用大量水冷却容器，直至火灾扑灭
- 容器突然发出异常声音或发生异常现象，立即撤离
- 切勿在储罐两端停留

急救

- 皮肤接触：立即脱去污染的衣着，用大量流动清水冲洗。就医
- 眼睛接触：提起眼睑，用流动清水或生理盐水冲洗。就医
- 吸入：迅速脱离现场至空气新鲜处。保持呼吸道畅通。如呼吸困难，给输氧。呼吸、心跳停止，立即进行心肺复苏术。就医
- 食入：饮足量温水，催吐、洗胃、导泻。就医

应
急
行
动

58. 氯乙酸

别　名: 一氯乙酸; 氯醋酸　CAS 号: 79-11-8

特别警示	★ 可引起皮肤灼伤, 经皮肤吸收引起中毒, 重者致死 ★ 有腐蚀性
化学式	分子式　$C_2H_3ClO_2$　结构式　$\underset{\displaystyle O}{Cl\diagdown\diagup}\!\!\overset{\displaystyle OH}{\diagup}$
危险性	危险性类别 • 急性毒性–经口, 类别 3 * • 急性毒性–经皮, 类别 3 * • 急性毒性–吸入, 类别 2 • 皮肤腐蚀/刺激, 类别 1B • 严重眼损伤/眼刺激, 类别 1 • 特异性靶器官毒性——次接触, 类别 3(呼吸道刺激) • 危害水生环境–急性危害, 类别 1 • 象形图:  • 警示词: 危险

<table>
<tr><td rowspan="4">危险性</td><td>

危险货物分类

(1) 联合国危险货物编号(UN 号)：1751

联合国运输名称：固态氯乙酸

联合国危险性类别：6.1，8

包装类别：Ⅱ

包装标志：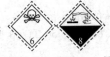

(2) 联合国危险货物编号(UN 号)：3250

联合国运输名称：熔融氯乙酸

联合国危险性类别：6.1，8

包装类别：Ⅱ

包装标志：

</td></tr>
<tr><td>

燃烧爆炸危险性

● 遇明火、高热可燃，释放出含氯化氢、光气和一氧化碳的有毒气体

</td></tr>
<tr><td>

健康危害

● 职业接触限值：MAC 2mg/m^3(皮)

● 急性毒性：大鼠经口 LD_{50}：76mg/kg；大鼠吸入 LC_{50}：180mg/m^3

● 皮肤接触后，出现水疱伴有剧痛。经皮吸收后引起中毒，重者可致死

● 氯乙酸烟雾对眼和上呼吸道有刺激性，可引起支气管炎、肺水肿，并可发生心、肝、肾和中枢神经损害。可引起角膜损伤

</td></tr>
</table>

危险性	环境影响
	• 对水生生物有很强的毒性作用
	• 在土壤中具有极强的迁移性

理化特性及用途	理化特性
	• 无色或淡黄色结晶。溶于水
	• 熔点：63℃（α型）；56.2℃（β型）；52.5℃（γ型）
	• 相对密度：1.404（40℃）
	用途
	• 用作农药、医药和染料的中间体。用于生产羧甲基纤维素、有色金属浮选剂等。可直接作除草剂

个体防护	
	• 佩戴全面罩防毒面具
	• 穿封闭式防化服

应急行动	隔离与公共安全
	泄漏：污染范围不明的情况下，初始隔离至少25m，下风向疏散至少100m。如果溶液发生泄漏，初始隔离至少50m，下风向疏散至少300m
	火灾：火场内如有储罐、槽车或罐车，隔离800m。考虑撤离隔离区内的人员、物资
	• 疏散无关人员并划定警戒区
	• 在上风、上坡或上游处停留，切勿进入低洼处
	• 加强现场通风

泄漏处理

• 消除所有点火源(泄漏区附近禁止吸烟,消除所有明火、火花或火焰)

• 未穿全身防护服时,禁止触及毁损容器或泄漏物

• 在确保安全的情况下,采用关阀、堵漏等措施,以切断泄漏源

固体泄漏

• 用塑料膜覆盖,减少扩散和避免雨淋

• 用洁净的铲子收集泄漏物

溶液泄漏

• 筑堤或挖沟槽收容泄漏物,防止进入水体、下水道、地下室或有限空间

• 用砂土或其他不燃材料吸收泄漏物

水体泄漏

• 沿河两岸进行警戒,严禁取水、用水、捕捞等一切活动

• 在下游筑坝拦截污染水,同时在上游开渠引流,让清洁水绕过污染带

• 监测水体中污染物的浓度

应急行动

火灾扑救

- 灭火剂：干粉、二氧化碳、雾状水、抗溶性泡沫
- 尽可能远距离灭火或使用遥控水枪或水炮扑救
- 用大量水冷却容器，直至火灾扑灭
- 筑堤收容消防污水以备处理，不得随意排放

应急行动

急救

- 皮肤接触：立即脱去污染的衣着，用大量流动清水冲洗 20~30min。就医
- 眼睛接触：立即提起眼睑，用大量流动清水或生理盐水彻底冲洗 10~15min。就医
- 吸入：迅速脱离现场至空气新鲜处。保持呼吸道通畅；如呼吸困难，给输氧。呼吸、心跳停止，立即进行心肺复苏术。就医
- 食入：用水漱口，洗胃。给饮牛奶或蛋清。就医
- 解毒剂：二氯乙酸、苯巴比妥

59. 氯乙烯

别 名：乙烯基氯　CAS号：75-01-4

特别警示	★ 确认人类致癌物 ★ 极易燃 ★ 若不能切断泄漏气源，则不允许熄灭泄漏处的火焰 ★ 火场温度下易发生危险的聚合反应
化学式	分子式　C₂H₃Cl　结构式
危险性	危险性类别 • 易燃气体，类别1 • 化学不稳定性气体，类别B • 加压气体 • 致癌性，类别1A • 象形图： • 警示词：危险 危险货物分类 • 联合国危险货物编号（UN号）：1086 • 联合国运输名称：乙烯基氯，稳定的 • 联合国危险性类别：2.1 • 包装类别： • 包装标志：

燃烧爆炸危险性

- 极易燃，与空气混合能形成爆炸性混合物，遇热源和明火有燃烧爆炸的危险
- 比空气重，能在较低处扩散到相当远的地方，遇火源会着火回燃
- 燃烧产物有毒，含有光气、氯化氢、一氧化碳

危险性

健康危害

- 职业接触限值：$PC-TWA$ $10mg/m^3$（G1）
- 急性毒性：大鼠经口 LD_{50}：$500mg/kg$，大鼠吸入 LC_{50}：$180mg/m^3$，$18ppm$（15min）
- 经呼吸道进入体内，皮肤受液体污染可吸收一部分
- 急性中毒主要为麻醉作用，严重者可发生昏迷、抽搐、呼吸循环衰竭，甚至死亡。液体可致皮肤冻伤
- 慢性中毒引起肝损害、雷诺氏现象、肢端溶骨症、硬皮病样改变
- 本品为确认人类致癌物，可致肝血管肉瘤

环境影响

- 在土壤中具有很强的迁移性
- 在环境中能参与光化学烟雾反应，在大气中易被光解，也可被生物降解和化学降解，即能被特异的菌丛所破坏，亦能被空气中的氧所氧化成苯甲醚、甲醛及少量苯乙醇

理化特性及用途	理化特性
	• 无色、有醚样气味的气体。难溶于水。能与热水或蒸汽反应生成有毒烟气
	• 沸点：-13.3℃
	• 气体相对密度：2.2
	• 爆炸极限：3.6%~31.0%
	用途
	• 用作塑料原料及用于有机合成，主要用于生产聚氯乙烯树脂。与醋酸乙烯、偏氯乙烯、丁二烯、丙烯腈、丙烯酸酯等共聚生成共聚物。也用作冷冻剂等
个体防护	• 佩戴正压式空气呼吸器
	• 穿封闭式防化服

隔离与公共安全

泄漏：污染范围不明的情况下，初始隔离至少200m，下风向疏散至少1000m。然后进行气体浓度检测，根据有害气体的实际浓度，调整隔离、疏散距离

火灾：火场内如有储罐、槽车或罐车，隔离1600m。考虑撤离隔离区内的人员、物资

- 疏散无关人员并划定警戒区
- 在上风、上坡或上游处停留，切勿进入低洼处
- 气体比空气重，可沿地面扩散，并在低洼处或有限空间(如下水道、地下室等)聚集

应急行动

泄漏处理

- 消除所有点火源(泄漏区附近禁止吸烟，消除所有明火、火花或火焰)
- 使用防爆的通信工具
- 作业时所有设备应接地
- 在确保安全的情况下，采用关阀、堵漏等措施以切断泄漏源
- 防止气体通过下水道、通风系统扩散或进入有限空间
- 喷雾状水改变蒸气云流向
- 隔离泄漏区直至气体散尽

火灾扑救

灭火剂：干粉、二氧化碳、雾状水、泡沫

● 若不能切断泄漏气源，则不允许熄灭泄漏处的火焰

● 在确保安全的前提下，将容器移离火场

储罐火灾

● 尽可能远距离灭火或使用遥控水枪或水炮扑救

● 用大量水冷却容器，直至火灾扑灭

● 容器突然发出异常声音或发生异常现象，立即撤离

● 切勿在储罐两端停留

● 当大火已经在货船蔓延，立即撤离，货船可能爆炸

急救

● 皮肤接触：立即脱去污染的衣着，用大量流动清水冲洗。如果发生冻伤，将患部浸泡于保持在38~42℃的温水中复温。不要涂擦。不要使用热水或辐射热。使用清洁、干燥的敷料包扎。就医

● 眼睛接触：提起眼睑，用流动清水或生理盐水冲洗。就医

● 吸入：迅速脱离现场至空气新鲜处。保持呼吸道通畅。如呼吸困难，给输氧。呼吸、心跳停止，立即进行心肺复苏术。就医

应急行动

60. 漂粉精

别　名：高效漂白粉　　CAS 号：7778-54-3

特别警示	★ 强氧化剂，与易燃物，可燃物接触能引起燃烧 ★ 温度高于 100℃时，会发生剧烈分解，放出有毒气体，导致密闭空间爆炸
化学式	分子式　$Ca(ClO)_2$　　结构式　$\begin{array}{c}Cl\!-\!O^-\\Cl\!-\!O^-\end{array}\ Ca^{2+}$
危险性	危险性类别 ● 氧化性固体，类别 2 ● 皮肤腐蚀/刺激，类别 1B ● 严重眼损伤/眼刺激，类别 1 ● 特异性靶器官毒性——次接触，类别 3（呼吸道刺激） ● 危害水生环境-急性危害，类别 1 ● 危害水生环境-长期危害，类别 1 ● 象形图： ● 警示词：危险

危险货物分类

- 联合国危险货物编号(UN 号)：3485
- 联合国运输名称：次氯酸钙，干的，腐蚀性；或次氯酸钙混合物，干的，腐蚀性，含有效氯高于 39%(有效氧 8.8%)
- 联合国危险性类别：5.1，8
- 包装类别：Ⅱ
- 包装标志：

危险性

燃烧爆炸危险性

- 本品不燃，可助燃
- 温度高于 100℃时，会发生剧烈分解，放出有毒气体，导致密闭空间爆炸

健康危害

- 粉尘对眼结膜及呼吸道有刺激性。对皮肤有刺激性。误服刺激胃肠道

环境影响

- 对水生生物有极强的毒性作用

理化特性及用途	理化特性 • 白色粉末，有强烈刺激性氯臭。主要成分为次氯酸钙。其有效氯含量 60%~70% 以上。易溶于水。由于氯化钙和水分含量较低，其稳定性比漂白粉高，在常温下储存 200 天以上不分解
	用途 • 具有很强的杀菌、消毒、净化和漂白作用，广泛用于洗毛、纺织、地毯、造纸等行业
个体防护	• 戴全面罩防尘面具 • 穿简易防化服 • 戴防化手套 • 穿防化安全靴
应急行动	隔离与公共安全 　泄漏：污染范围不明的情况下，初始隔离至少 25m，下风向疏散至少 100m 　火灾：火场内如有储罐、槽车或罐车，隔离 800m。考虑撤离隔离区内的人员、物资 • 疏散无关人员并划定警戒区 • 在上风、上坡或上游处停留，切勿进入低洼处

应急行动	**泄漏处理** 　• 远离易燃、可燃物(如木材、纸张、油品等) 　• 未穿全身防护服时，禁止触及毁损容器或泄漏物 　• 用洁净的铲子收集泄漏物 **火灾扑救** 　• 灭火剂：只能用水，不得用干粉、二氧化碳等灭火剂灭火 　• 远距离用大量水灭火 　• 在确保安全的前提下，将容器移离火场 　• 切勿开动已处于火场中的货船或车辆 　• 尽可能远距离灭火或使用遥控水枪或水炮扑救 　• 用大量水冷却容器，直至火灾扑灭 **急救** 　• 皮肤接触：立即脱去污染的衣着，用清水彻底冲洗皮肤 　• 眼睛接触：提起眼睑，用流动清水或生理盐水冲洗。就医 　• 吸入：脱离现场至空气新鲜处。就医 　• 食入：饮水，以手指探咽部催吐。就医

61. 汽油

CAS 号: 86290-81-5

特别警示	★ 高度易燃, 其蒸气与空气混合, 能形成爆炸性混合物 ★ 注意: 闪点很低, 用水灭火无效 ★ 不得使用直流水扑救
危险性	**危险性类别** • 易燃液体, 类别 2 * • 生殖细胞致突变性, 类别 1B • 致癌性, 类别 2 • 吸入危害, 类别 1 • 危害水生环境–急性危害, 类别 2 • 危害水生环境–长期危害, 类别 2 • 象形图:  • 警示词: 危险 **危险货物分类** • 联合国危险货物编号(UN 号): 1203 • 联合国运输名称: 车用汽油或汽油 • 联合国危险性类别: 3 • 包装类别: Ⅱ • 包装标志:

燃烧爆炸危险性

• 高度易燃，蒸气与空气可形成爆炸性混合物，遇明火、高热极易燃烧爆炸

• 蒸气比空气重，能在较低处扩散到相当远的地方，遇火源会着火回燃

• 流速过快，容易产生和积聚静电

• 在火场中，受热的容器有爆炸危险

危险性

健康危害

• 职业接触限值(溶剂汽油)：$PC\text{-}TWA$ 300mg/m³

• 急性毒性：小鼠经口 LD_{50}：67000mg/kg(120号溶剂汽油)；小鼠吸入 LC_{50}：103000mg/m³(2h)(120号溶剂汽油)

• 麻醉性毒物

• 高浓度吸入汽油蒸气引起急性中毒，表现为中毒性脑病，出现精神症状、意识障碍。极高浓度吸入引起意识突然丧失、反射性呼吸停止。误将汽油吸入呼吸道可引起吸入性肺炎

• 皮肤较长时间接触引起灼伤，个别发生急性皮炎

• 慢性中毒可引起周围神经病、中毒性脑病、肾脏损害。可致皮肤损害

危险性	环境影响 • 在很低的浓度下就能对水生生物造成危害 • 在土壤中具有极强的迁移性 • 具有一定的生物富集性 • 在低浓度时能生物降解；在高浓度时，可使微生物中毒，不易生物降解
理化特性及用途	理化特性 • 无色到浅黄色的透明液体 • 相对密度：0.70~0.80 • 闪点：-58~10℃ • 爆炸极限：1.4%~7.6%
	用途 • 主要用作汽油机的燃料，溶剂汽油则用于橡胶、油漆、油脂、香料等工业
个体防护	• 泄漏状态下佩戴正压式空气呼吸器，火灾时可佩戴简易滤毒罐 • 穿简易防化服 • 戴防化手套 • 穿防化安全靴

隔离与公共安全

泄漏：污染范围不明的情况下，初始隔离至少50m，下风向疏散至少300m。发生大量泄漏时，初始隔离至少500m，下风向疏散至少1000m。然后进行气体浓度检测，根据有害蒸气的实际浓度，调整隔离、疏散距离

火灾：火场内如有储罐、槽车或罐车，隔离800m。考虑撤离隔离区内的人员、物资

- 疏散无关人员并划定警戒区
- 在上风、上坡或上游处停留，切勿进入低洼处
- 进入密闭空间之前必须先通风

应急行动

泄漏处理

- 消除所有点火源(泄漏区附近禁止吸烟，消除所有明火、火花或火焰)
- 使用防爆的通信工具
- 在确保安全的情况下，采用关阀、堵漏等措施，以切断泄漏源
- 作业时所有设备应接地
- 构筑围堤或挖沟槽收容泄漏物，防止进入水体、下水道、地下室或有限空间
- 用泡沫覆盖泄漏物，减少挥发
- 用砂土或其他不燃材料吸收泄漏物
- 如果储罐发生泄漏，可通过倒罐转移尚未泄漏的液体
- 如果海上或水域发生溢油事故，可布放围油栏引导或遏制溢油，防止溢油扩散，使用撇油器、吸油棉或消油剂清除溢油

应急行动	**火灾扑救** 　注意：闪点很低，用水灭火无效 　灭火剂：干粉、二氧化碳、泡沫 　● 不得使用直流水扑救 　● 在确保安全的前提下，将容器移离火场 储罐、公路/铁路槽车火灾 　● 尽可能远距离灭火或使用遥控水枪或水炮扑救 　● 用大量水冷却容器，直至火灾扑灭 　● 容器突然发出异常声音或发生异常现象，立即撤离 　● 切勿在储罐两端停留 **急救** 　● 皮肤接触：立即脱去污染的衣着，用清水彻底冲洗皮肤。就医 　● 眼睛接触：立即提起眼睑，用大量流动清水彻底冲洗 10~15min。就医 　● 吸入：迅速脱离现场至空气新鲜处。保持呼吸道通畅。如呼吸困难，给输氧。呼吸、心跳停止，立即进行心肺复苏术。就医 　● 食入：饮水，禁止催吐。就医

62. 氢

别　名：**氢气**　CAS 号：**1333-74-0**

特别警示	★ *极易燃* ★ *若不能切断泄漏气源，则不允许熄灭泄漏处的火焰*
化学式	**分子式　H₂　结构式　H—H**
危险性	危险性类别 • 易燃气体，类别 1 • 加压气体 • 象形图： • 警示词：危险
	危险货物分类 • 联合国危险货物编号(UN 号)：1049 • 联合国运输名称：压缩氢 • 联合国危险性类别：2.1 • 包装类别： • 包装标志：

危险性	**燃烧爆炸危险性** ● 极易燃，与空气混合能形成爆炸性混合物，遇热或明火即发生爆炸 ● 气体比空气轻，在室内使用和储存时，泄漏气体上升滞留屋顶不易排出，遇火星会引起爆炸
	健康危害 ● 单纯性窒息性气体 ● 在高浓度时，由于空气中氧分压降低引起缺氧性窒息。在很高的分压下，呈现出麻醉作用
	环境影响 ● 对环境无害
理化特性及用途	**理化特性** ● 无色、无臭的气体。很难液化。液态氢无色透明。极易扩散和渗透。微溶于水 ● 气体相对密度：0.07 ● 爆炸极限：4%~75%
	用途 ● 用于盐酸、氨和甲醇的合成 ● 用作冶金用还原剂，石油炼制中的加氢脱硫剂。液态氢可作高速推进火箭的燃料 ● 氢也是极有前途的无污染燃料

个体防护	● 泄漏状态下佩戴正压式空气呼吸器，火灾时可佩戴简易滤毒罐 ● 穿简易防化服
应急行动	**隔离与公共安全** 　泄漏：污染范围不明的情况下，初始隔离至少100m，下风向疏散至少800m。然后进行气体浓度检测，根据有害气体的实际浓度，调整隔离、疏散距离 　火灾：火场内如有储罐、槽车或罐车，隔离1600m。考虑撤离隔离医内的人员、物资 ● 疏散无关人员并划定警戒区 ● 在上风、上坡或上游处停留 **泄漏处理** ● 消除所有点火源(泄漏区附近禁止吸烟，消除所有明火、火花或火焰) ● 使用防爆的通信工具 ● 作业时所有设备应接地 ● 在确保安全的情况下，采用关阀、堵漏等措施，以切断泄漏源 ● 防止气体通过通风系统扩散或进入有限空间 ● 喷雾状水稀释泄漏气体 ● 隔离泄漏区直至气体散尽

火灾扑救

　　灭火剂：干粉、二氧化碳、雾状水、泡沫

　　● 若不能切断泄漏气源，则不允许熄灭泄漏处的火焰

　　● 在确保安全的前提下，将容器移离火场

　　● 尽可能远距离灭火或使用遥控水枪或水炮扑救

　　● 用大量水冷却容器，直至火灾扑灭

　　● 容器突然发出异常声音或发生异常现象，立即撤离

急救

　　● 吸入：迅速脱离现场至空气新鲜处。保持呼吸道通畅。如呼吸困难，给输氧。呼吸、心跳停止，立即进行心肺复苏术。就医

应急行动

63. 氢氟酸

别　名: **氟氢酸**; **氟化氢溶液**　CAS 号: **7664-39-3**

特别警示	★ 有强腐蚀性, 本品灼伤疼痛剧烈
化学式	分子式　HF　结构式　F—H
危险性	危险性类别 • 急性毒性-经口, 类别 2 * • 急性毒性-经皮, 类别 1 • 急性毒性-吸入, 类别 2 * • 皮肤腐蚀/刺激, 类别 1A • 严重眼损伤/眼刺激, 类别 1 • 象形图: • 警示词: 危险 危险货物分类 • 联合国危险货物编号(UN 号): 1790 • 联合国运输名称: 氢氟酸, 含氟化氢高于 60% • 联合国危险性类别: 8, 6.1 • 包装类别: Ⅰ 或 Ⅱ • 包装标志:

危险性	**燃烧爆炸危险性** • 本品不燃。能与活泼金属反应，生成氢气而引起燃烧或爆炸 **健康危害** • 职业接触限值：*MAC* 2mg/m³（按 F 计） • *IDLH*：30ppm（按 F 计） • 吸入高浓度的氢氟酸酸雾，引起眼和上呼吸道刺激症状，也可引起支气管炎和出血性肺水肿 • 对皮肤和黏膜有强烈刺激和腐蚀作用，并可向深部组织渗透，有时可深达骨膜、骨质。较大面积灼伤时可经创面吸收，氟离子与钙离子结合，造成低血钙。高浓度酸雾也可引起皮肤灼伤 • 眼接触可引起灼伤，重者失明 **环境影响** • 在很低的浓度下就能对水生生物造成危害
理化特性及用途	**理化特性** • 无色透明溶液，为含氟化氢 60% 以下的水溶液。与碱发生放热中和反应 • 沸点：112.2℃（38.2%） • 相对密度：1.26（75%） **用途** • 用于有机和无机氟化物、含氟树脂的制造。 • 也用于刻蚀玻璃，不锈钢、非铁金属的清洗等 • 还可用作染料和其他有机合成的催化剂

个体防护	● 佩戴全防型滤毒罐 ● 穿封闭式防化服
应急行动	**隔离与公共安全** 　泄漏：污染范围不明的情况下，初始隔离至少50m，下风向疏散至少300m。然后进行气体浓度检测，根据有害蒸气的实际浓度，调整隔离、疏散距离 　火灾：火场内如有储罐、槽车或罐车，隔离800m。考虑撤离隔离区内的人员、物资 ● 疏散无关人员并划定警戒区 ● 在上风、上坡或上游处停留，切勿进入低洼处 ● 加强现场通风 **泄漏处理** ● 未穿全身防护服时，禁止触及毁损容器或泄漏物 ● 在确保安全的情况下，采用关阀、堵漏等措施，以切断泄漏源 ● 筑堤或挖沟槽收容泄漏物，防止进入水体、下水道、地下室或有限空间 ● 用雾状水稀释酸雾，但要注意收集、处理产生的废水 ● 用砂土或其他不燃材料吸收泄漏物 ● 可以用石灰(CaO)、苏打灰(Na_2CO_3)或碳酸氢钠($NaHCO_3$)中和泄漏物 ● 如果储罐或槽车发生泄漏，可通过倒罐转移尚未泄漏的液体

水体泄漏

- 沿河两岸进行警戒，严禁取水、用水、捕捞等一切活动
- 在下游筑坝拦截污染水，同时在上游开渠引流，让清洁水绕过污染带
- 监测水体中污染物的浓度
- 可洒入石灰（CaO）、苏打灰（Na_2CO_3）或碳酸氢钠（$NaHCO_3$）中和污染物

火灾扑救

灭火剂：不燃，根据着火原因选择适当灭火剂灭火

- 在确保安全的前提下，将容器移离火场
- 筑堤收容消防污水以备处理，不得随意排放

储罐、公路/铁路槽车火灾

- 用大量水冷却容器，直至火灾扑灭
- 容器突然发出异常声音或发生异常现象，立即撤离
- 切勿在储罐两端停留

急救

- 皮肤接触：立即脱去污染的衣着，用大量流动清水冲洗，继用 2%～5% 碳酸氢钠再冲洗，后用 10% 氯化钙液湿敷。就医
- 眼睛接触：立即提起眼睑，用大量流动清水或生理盐水、3% 碳酸氧钠、氯化镁彻底冲洗 10～15min。就医
- 吸入：迅速脱离现场至空气新鲜处。保持呼吸道通畅。如呼吸困难，给输氧。呼吸、心跳停止，立即进行心肺复苏术。就医
- 食入：用水漱口，给饮牛奶或蛋清。可口服乳酸钙或石灰与水或牛奶混合溶液。就医

应急行动

64. 氢氧化钾

别　名：**苛性钾**　CAS 号：**1310-58-3**

特别警示	★ 有强烈刺激和腐蚀性
化学式	分子式　KOH　结构式　K—OH
危险性	**危险性类别** • 皮肤腐蚀/刺激，类别 1A • 严重眼损伤/眼刺激，类别 1 • 象形图： • 警示词：危险
	危险货物分类 • 联合国危险货物编号(UN 号)：1813 • 联合国运输名称：固态氢氧化钾 • 联合国危险性类别：8 • 包装类别：Ⅱ • 包装标志：

<table>
<tr>
<td rowspan="4">危险性</td>
<td>

燃烧爆炸危险性

- 本品不燃

</td>
</tr>
<tr>
<td>

健康危害

- 职业接触限值：*MAC* 2mg/m³
- 急性毒性：大鼠经口 LD_{50}：273mg/kg
- 有强烈刺激性和腐蚀性
- 吸入后，可引起眼和上呼吸道刺激，化学性支气管炎，严重时引起肺炎、肺水肿
- 可致严重眼和皮肤灼伤。口服造成消化道灼伤

</td>
</tr>
<tr>
<td>

环境影响

- 混入水体后使 pH 值急剧上升，对水生生物产生极强的毒性作用

</td>
</tr>
</table>

<table>
<tr>
<td rowspan="2">理化特性及用途</td>
<td>

理化特性

- 纯品为白色半透明晶体，工业品为灰白、蓝绿或淡紫色片状或块状固体。易潮解。溶于水，水溶液呈强碱性，溶解时产生大量热。与酸发生中和反应并放热
- 熔点：360.4℃
- 沸点：1320~1324℃
- 相对密度：2.04

</td>
</tr>
<tr>
<td>

用途

- 可用作生产聚醚、破乳剂、净洗剂、表面活性剂等的催化剂。亦用作干燥剂、吸收剂。用于制钾肥皂、草酸及各种钾盐。还用于电镀、雕刻、石印术等

</td>
</tr>
</table>

个体防护	● 佩戴全面罩防尘面具 ● 穿封闭式防化服
应急行动	**隔离与公共安全** 　泄漏：污染范围不明的情况下，初始隔离至少25m，下风向疏散至少100m。如果溶液发生泄漏，初始隔离至少50m，下风向疏散至少300m 　火灾：火场内如有储罐、槽车或罐车，隔离800m。考虑撤离隔离区内的人员、物资 ● 疏散无关人员并划定警戒区 ● 在上风、上坡或上游处停留，切勿进入低洼处 ● 加强现场通风 **泄漏处理** ● 在确保安全的情况下，采用关阀、堵漏等措施，以切断泄漏源 ● 未穿全身防护服时，禁止触及毁损容器或泄漏物 **固体泄漏** ● 用塑料膜覆盖，减少扩散和避免雨淋 ● 用洁净的铲子收集泄漏物

<table>
<tr><td rowspan="3">应急行动</td><td>

溶液泄漏
- 筑堤或挖沟槽收容泄漏物，防止进入水体、下水道、地下室或有限空间
- 用稀盐酸中和泄漏物

水体泄漏
- 沿河两岸进行警戒，严禁取水、用水、捕捞等一切活动
- 在下游筑坝拦截污染水，同时在上游开渠引流，让清洁水绕过污染带
- 监测水体中污染物的浓度
- 用稀盐酸中和污染物

</td></tr>
<tr><td>

火灾扑救

灭火剂：不燃，根据着火原因选择适当火火剂灭火
- 筑堤收容消防污水以备处理，不得随意排放
- 用大量水冷却容器，直至火灾扑灭

</td></tr>
<tr><td>

急救
- 皮肤接触：立即脱去污染的衣着，用大量流动清水冲洗 20~30min。就医
- 眼睛接触：立即提起眼睑，用大量流动清水或生理盐水彻底冲洗 10~15min。就医
- 吸入：迅速脱离现场至空气新鲜处。保持呼吸道通畅。如呼吸困难，给输氧。呼吸、心跳停止，立即进行心肺复苏术。就医
- 食入：用水漱口，给饮牛奶或蛋清。就医

</td></tr>
</table>

65. 氢氧化钠

别　名：苛性钠；烧碱；火碱　CAS号：1310-73-2

特别警示	★ 有强烈刺激和腐蚀性
化学式	分子式　NaOH　结构式　Na—OH
危险性	**危险性类别** • 皮肤腐蚀/刺激，类别1A • 严重眼损伤/眼刺激，类别1 • 象形图： • 警示词：危险
	危险货物分类 • 联合国危险货物编号（UN号）：1823 • 联合国运输名称：固态氢氧化钠 • 联合国危险性类别：8 • 包装类别：Ⅱ • 包装标志：

<table>
<tr><td rowspan="3">危险性</td><td>

燃烧爆炸危险性

- 本品不燃

</td></tr>
<tr><td>

健康危害

- 职业接触限值：MAC 2mg/m³
- $IDLH$：10mg/m³
- 急性毒性：小鼠腹腔 LD_{50}：40mg/kg
- 有强烈刺激性和腐蚀性
- 吸入后，可引起眼和上呼吸道刺激，化学性支气管炎，严重时引起肺炎、肺水肿
- 可致严重眼和皮肤灼伤。口服造成消化道灼伤

</td></tr>
<tr><td>

环境影响

- 混入水体后使 pH 值急剧上升，对水生生物产生极强的毒性作用

</td></tr>
<tr><td>理化特性及用途</td><td>

理化特性

- 纯品为无色透明晶体。工业品含少量碳酸钠和氯化钠，为无色至青白色棒状、片状、粒状、块状同体，统称固碱。浓溶液俗称液碱。吸湿性强。从空气中吸收水分的同时，也吸收二氧化碳。易溶于水，并放出大量热。与酸发生中和反应并放热
- 熔点：318.4℃
- 沸点：1390℃
- 相对密度：2.13

</td></tr>
</table>

理化特性及用途	用途 ● 用于制造各种钠盐、肥皂、纸浆、染料、人造丝、黏胶纤维 ● 也用于金属清洗、电镀、煤焦油产品的提纯、石油精制、食品加工、木材加工和机械工业等
个体防护	● 佩戴全面罩防尘面具 ● 穿封闭式防化服
应急行动	隔离与公共安全 　泄漏：污染范围不明的情况下，初始隔离至少25m，下风向疏散至少100m。如果溶液发生泄漏，初始隔离至少50m，下风向疏散至少300m 　火灾：火场内如有储罐、槽车或罐车，隔离800m。考虑撤离隔离区内的人员、物资 ● 疏散无关人员并划定警戒区 ● 在上风、上坡或上游处停留，切勿进入低洼处 ● 加强现场通风 泄漏处理 ● 在确保安全的情况下，采用关阀、堵漏等措施，以切断泄漏源 ● 未穿全身防护服时，禁止触及毁损容器或泄漏物 固体泄漏 ● 用塑料膜覆盖，减少扩散和避免雨淋 ● 用洁净的铲子收集泄漏物 溶液泄漏 ● 筑堤或挖沟槽收容泄漏物，防止进入水体、下水道、地下室或有限空间 ● 用稀盐酸中和泄漏物

应急行动	**水体泄漏** • 沿河两岸进行警戒，严禁取水、用水、捕捞一切活动 • 在下游筑坝拦截污染水，同时在上游开渠引流，清洁水绕过污染带 • 监测水体中污染物的浓度 • 用稀盐酸中和污染物
	火灾扑救 灭火剂：不燃，根据着火原因选择适当灭火剂灭火 • 筑堤收容消防污水以备处理，不得随意排放 • 用大量水冷却容器，直至火灾扑灭
应急行动	**急救** • 皮肤接触：立即脱去污染的衣着，用大量流动清水冲洗 20~30min。就医 • 眼睛接触：立即提起眼睑，用大量流动清水或生理盐水彻底冲洗 10~15min。就医 • 吸入：迅速脱离现场至空气新鲜处。保持呼吸通畅。如呼吸困难，给输氧。呼吸、心跳停止，立即进行心肺复苏术。就医 • 食入：用水漱口，给饮牛奶或蛋清。就医

66. 氰化钠

别 名：山奈钠　CAS 号：143-33-9

特别警示	★ 剧毒
	★ 遇酸会产生剧毒、易燃的氰化氢气体
	★ 解毒剂：亚硝酸异戊酯、亚硝酸钠、硫代硫酸钠、4-DMAP(4-二甲基氨基苯酚)
化学式	分子式　NaCN　结构式　$N \equiv C^- \; Na^+$
危险性	**危险性类别**
	• 急性毒性-经口，类别 2
	• 急性毒性-经皮，类别 1
	• 严重眼损伤/眼刺激，类别 2
	• 生殖毒性，类别 2
	• 特异性靶器官毒性-反复接触，类别 1
	• 危害水生环境-急性危害，类别 1
	• 危害水生环境-长期危害，类别 1
	• 象形图：
	• 警示词：危险

危险货物分类

（1）联合国危险货物编号（UN 号）：1689

联合国运输名称：氰化钠，固态

联合国危险性类别：6.1

包装类别：Ⅰ

包装标志：

（2）联合国危险货物编号（UN 号）：3414

联合国运输名称：氰化钠溶液

联合国危险性类别：6.1

包装类别：Ⅰ、Ⅱ或Ⅲ

包装标志：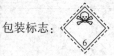

燃烧爆炸危险性

- 本品不燃

健康危害

- 职业接触限值：MAC 1mg/m³（按 CN 计）（皮）
- $IDLH$：25mg/m³（按 CN 计）
- 急性毒性：大鼠经口 LD_{50}：6.4mg/kg；兔经皮 LD_{50}：300mg/kg
- 剧毒，口服 50~100mg 即可引起猝死
- 吸入、口服或经皮吸收均可引起急性中毒。中毒后出现皮肤黏膜呈鲜红色、呼吸困难、血压下降、全身强直性痉挛、意识障碍等。最终全身肌肉松弛，呼吸、心跳停止而死亡

危险性

危险性	环境影响 • 对水生生物有很强的毒性作用，能在水环境中造成长期的有害影响
理化特性及用途	理化特性 • 白色或略带颜色的块状或结晶状颗粒，有微弱的苦杏仁味。易溶于水，溶液呈弱碱性，并缓慢反应生成剧毒的氰化氢气体。遇酸会产生剧毒、易燃的氰化氢气体 • 熔点：563.7℃ • 相对密度：1.596 用途 • 用作各种钢的淬火剂，电镀中作为镀铜、银、镉和锌等电镀液的主要组分，冶金用于提取金、银等贵重金属，化学工业中是制造各种氰化物和氢氰酸的原料。也用于制造有机玻璃、各种合成材料、腈橡胶、合成纤维的共聚物
个体防护	• 佩戴全面罩防尘面具 • 穿封闭式防化服

<table>
<tr><td rowspan="2">应急行动</td><td>

隔离与公共安全

　泄漏：污染范围不明的情况下，初始隔离至少25m，下风向疏散至少100m。如果溶液发生泄漏，初始隔离至少50m，下风向疏散至少300m。如果泄漏到水中，初始隔离至少100m，下风向疏散至少800m。然后进行气体浓度检测，根据有害蒸气或气体以及水体污染物的实际浓度，调整隔离、疏散距离

　火灾：火场内如有储罐、槽车或罐车，隔离800m。考虑撤离隔离区内的人员、物资

- 疏散无关人员并划定警戒区
- 在上风、上坡或上游处停留，切勿进入低洼处
- 加强现场通风

</td></tr>
<tr><td>

泄漏处理

固体泄漏

- 用塑料膜覆盖，减少扩散和避免雨淋
- 用洁净的工具收集泄漏物

溶液泄漏

- 在确保安全的情况下，采用关阀、堵漏等措施，以切断泄漏源
- 筑堤或挖沟槽收容泄漏物，防止进入水体、下水道、地下室或有限空间
- 喷洒过量漂白粉或次氯酸钠溶液，将氰化钠氧化分解

</td></tr>
</table>

应急行动

水体泄漏

• 沿河两岸进行警戒，严禁取水、用水、捕捞等一切活动

• 在下游筑坝拦截污染水，同时在上游开渠引流，让清洁水改走新河道

• 加入过量的漂白粉(次氯酸钙、氯酸钠)，将尚未水解的氰化钠氧化成无毒的氮气等

• 监测大气中氰化氢的浓度，防止发生次生中毒和燃烧、爆炸事故

火灾扑救

灭火剂：不燃，根据着火原因选择适当灭火剂灭火

• 在确保安全的前提下，将容器移离火场

• 筑堤收容消防污水以备处理，不得随意排放

应急行动

急救

- 皮肤接触：立即脱去污染的衣着，用流动清水或5%硫代硫酸钠溶液彻底冲洗。就医
- 眼睛接触：立即提起眼睑，用大量流动清水或生理盐水彻底冲洗10~15min。就医
- 吸入：迅速脱离现场至空气新鲜处。保持呼吸道通畅。如呼吸困难，给输氧。呼吸、心跳停止，立即进行人工呼吸（勿用口对口）和胸外心脏按压术。就医
- 食入：如患者神志清醒，催吐，洗胃。就医
- 解毒剂：

（1）"亚硝酸钠-硫代硫酸钠"方案

① 立即将亚硝酸异戊酯1~2支包在手帕内打碎紧贴在患者口鼻前吸入。同时施人工呼吸，可立即缓解症状。每1~2min令患者吸入1支，直到开始用亚硝酸钠时为止

② 缓慢静脉注射3%亚硝酸钠10~15mL，速度为2.5~5.0 mL/min，注射时注意血压，如有明显下降，可给予升压药物

③ 用同一针头缓慢静脉注射硫代硫酸钠12.5~25g（配成25%的溶液）。若中毒征象重新出现，可按半量再给亚硝酸钠和硫代硫酸钠。轻症者，单用硫代硫酸钠即可

（2）新抗氰药物4-DMAP方案

轻度中毒：口服4-DMAP（4-二甲基氨基苯酚）1片（180mg）和PAPP（氨基苯丙酮）1片（90mg）

中度中毒：立即肌内注射抗氰急救针1支（10% 4-DMAP 2mL）

重度中毒：立即肌内注射抗氰急救针1支，然后脉注射50%硫代硫酸钠20mL。如症状缓解较慢或有反复，可在1h后重复半量

67. 氰化氢

别　名：**氢氰酸**　CAS 号：74-90-8

特别警示	★ *剧毒，短时间内吸入高浓度氰化氢气体，可立即因呼吸停止而死亡* ★ *火场温度下易发生危险的聚合反应* ★ *若不能切断泄漏气源，则不允许熄灭泄漏处的火焰* ★ *解毒剂：亚硝酸异戊酯、亚硝酸钠、硫代硫酸钠、4-DMAP(4-二甲基氨基苯酚)*
化学式	分子式　HCN　结构式　$N≡C^-H^+$
危险性	**危险性类别** • 易燃液体，类别 1 • 急性毒性-吸入，类别 2 * • 危害水生环境-急性危害，类别 1 • 危害水生环境-长期危害，类别 1 • 象形图： • 警示词：危险

危
险
性

危险货物分类

- 联合国危险货物编号（UN 号）：1051
- 联合国运输名称：氰化氢，稳定的，含水低于 3%
- 联合国危险性类别：6.1，3
- 包装类别：Ⅰ
- 包装标志：

燃烧爆炸危险性

- 本品易燃，与空气可形成爆炸性混合物，遇明火、高热能引起燃烧爆炸燃烧时产生含氮氧化物的有毒和刺激性气体

健康危害

- 职业接触限值：*MAC* 1mg/m³（按 CN 计）（皮）
- *IDLH*：50ppm
- 急性毒性：小鼠经口 LD_{50}：3.7mg/kg；大鼠吸入 LC_{50}：142ppm（30min）
- 剧毒化学品
- 高浓度吸入或大量口服后立即昏迷、呼吸停止，于数分钟内死亡（猝死）。非骤死者临床表现分为 4 期：前驱期有黏膜刺激、呼吸加快加深、乏力、头痛。呼吸困难期有呼吸困难、血压升高、皮肤黏膜呈鲜红色等。惊厥期出现抽搐、昏迷、呼吸衰竭。麻痹期全身肌肉松弛，呼吸心跳停止而死亡
- 皮肤或眼接触可引起灼伤，亦可吸收致中毒

危险性	环境影响
	● 对水生生物有很强的毒性作用，能在水环境中造成长期的有害影响
	● 在空气中比较稳定，是有害的空气污染物

理化特性及用途	理化特性
	● 无色气体或透明液体，有苦杏仁味，易挥发。与水混溶
	● 沸点：25.7℃
	● 蒸气相对密度：0.93
	● 闪点：−18℃（96%）
	● 爆炸极限：5.4%~46.6%（96%）
	用途
	● 用于丙烯腈、丙烯酸树脂、丁腈橡胶、合成纤维、染料、塑料及农药杀虫剂的制造

个体防护	● 佩戴正压式空气呼吸器
	● 穿内置式重型防化服

隔离与公共安全

泄漏：污染范围不明的情况下，初始隔离至少500m，下风向疏散至少1500m。然后进行气体浓度检测，根据有害气体的实际浓度，调整隔离、疏散距离

火灾：火场内如有储罐、槽车或罐车，隔离1600m。考虑撤离隔离区内的人员、物资

- 疏散无关人员并划定警戒区
- 在上风、上坡或上游处停留
- 进入密闭空间之前必须先通风

应急行动

泄漏处理

- 消除所有点火源(泄漏区附近禁止吸烟，消除所有明火、火花或火焰)
- 使用防爆的通信工具
- 作业时所有设备应接地
- 在确保安全的情况下，采用关阀、堵漏等措施，以切断泄漏源
- 防止气体通过通风系统扩散或进入有限空间
- 喷雾状水稀释泄漏气体
- 隔离泄漏区直至气体散尽
- 可考虑引燃泄漏物以减少有毒气体扩散

溶液泄漏

- 筑堤或挖沟槽收容泄漏物，防止进入水体、下水道、地下室或有限空间
- 用砂土吸收液体泄漏物

应急行动	**水体泄漏** • 沿河两岸进行警戒,严禁取水、用水、捕捞等一切活动 • 在下游筑坝拦截污染水,同时在上游开渠引流,让清洁水改走新河道 • 加入石灰(CaO)、石灰石($CaCO_3$)、碳酸氢钠($NaHCO_3$)中和污染物 **火灾扑救** 灭火剂:干粉、二氧化碳、雾状水、泡沫 • 若不能切断泄漏气源,则不允许熄灭泄漏处的火焰 • 在确保安全的前提下,将容器移离火场 • 尽可能远距离灭火或使用遥控水枪或水炮扑救 • 用大量水冷却容器,直至火灾扑灭 • 安全阀发出声响或容器变色,立即撤离

应急行动

急救

• 皮肤接触：立即脱去污染的衣着，用流动清水或5%硫代硫酸钠溶液彻底冲洗。就医

• 眼睛接触：立即提起眼睑，用大量流动清水或生理盐水彻底冲洗10~15min。就医

• 吸入：迅速脱离现场至空气新鲜处。保持呼吸道通畅。如呼吸困难，给输氧。呼吸、心跳停止，立即进行人工呼吸（勿用口对口）和胸外心脏按压术。就医。

• 食入：如患者神志清醒，催吐，洗胃。就医

• 解毒剂：

（1）"亚硝酸钠-硫代硫酸钠"方案

① 立即将亚硝酸异戊酯1~2支包在手帕内打碎，紧贴在患者口鼻前吸入。同时施以人工呼吸，可立即缓解症状。每1~2min令患者吸入1支，直到开始使用亚硝酸钠时为止

② 缓慢静脉注射3%亚硝酸钠10~15mL，速度为2.5~5.0mL/min，注射时注意血压，如有明显下降，可给予升压药物

③ 用同一针头缓慢静脉注射硫代硫酸钠12.5~25g（配成25%的溶液）。若中毒征象重新出现，可按半量再给亚硝酸钠和硫代硫酸钠。轻症者，单用硫代硫酸钠即可

（2）新抗氰药物4-DMAP方案

轻度中毒：口服4-DMAP（4-二甲基氨基苯酚）1片（180mg）和PAPP（氨基苯丙酮）1片（90mg）

中度中毒：立即肌内注射抗氰急救针1支（10%4-DMAP 2mL）

重度中毒：立即肌内注射抗氰急救针1支，然后静脉注射50%硫代硫酸钠20mL如症状缓解较慢或有反复，可在1h后重复半量

68. 溶剂油

CAS 号：**64742-94-5**

特别警示	★ **高度易燃，其蒸气与空气混合，能形成爆炸性混合物**
危险性	危险性类别 • 易燃液体，类别 2 * • 生殖细胞致突变性，类别 1B • 吸入危害，类别 1 • 危害水生环境-急性危害，类别 2 • 危害水生环境-长期危害，类别 2 • 象形图： • 警示词：危险 危险货物分类 • 联合国危险货物编号(UN 号)：1866 • 联合国运输名称：树脂溶液，易燃 • 联合国危险性类别：3 • 包装类别：Ⅰ、Ⅱ或Ⅲ • 包装标志：

危险性	燃烧爆炸危险性
	• 易燃，蒸气与空气可形成爆炸性混合物，遇明火、高热极易燃烧爆炸
	• 蒸气比空气重，能在较低处扩散到相当远的地方，遇火源会着火回燃
	• 流速过快，容易产生和积聚静电
	• 在火场中，受热的容器有爆炸危险
	健康危害
	• 直接将溶剂油吸入肺内，或在通风不良的情况下吸入其高浓度油雾，均可引起化学性肺炎
	环境影响
	• 对水生生物可能有害
理化特性及用途	理化特性
	• 无色透明液体。不溶于水
	用途
	• 主要用作溶剂。70 号溶剂油用作香花香料及油脂工业作抽提溶剂；90 号溶剂油用作化学试剂、医药溶剂等；120 号溶剂油用于橡胶工业作溶剂；190 号溶剂油用于机械零件的洗涤和工农业生产作溶剂；200 号溶剂油用于涂料工业作溶剂和稀释剂；260 号溶剂油为煤油型特种溶剂，可用于矿石的萃取等
个体防护	• 佩戴简易滤毒罐
	• 穿简易防化服
	• 戴防化手套
	• 穿防化安全靴

应急行动

隔离与公共安全

泄漏：污染范围不明的情况下，初始隔离至少50m，下风向疏散至少300m。发生大量泄漏时，初始隔离至少500m，下风向疏散至少1000m。然后进行气体浓度检测，根据有害蒸气的实际浓度，调整隔离、疏散距离

火灾：火场内如有储罐、槽车或罐车，隔离800m。考虑撤离隔离区内的人员、物资

- 疏散无关人员并划定警戒区
- 在上风、上坡或上游处停留，切勿进入低洼处
- 进入密闭空间之前必须先通风

泄漏处理

- 消除所有点火源（泄漏区附近禁止吸烟，消除所有明火、火花或火焰）
- 使用防爆的通信工具
- 在确保安全的情况下，采用关阀、堵漏等措施，以切断泄漏源
- 作业时所有设备应接地
- 构筑围堤或挖沟槽收容泄漏物，防止进入水体、下水道、地下室或有限空间
- 用泡沫覆盖泄漏物，减少挥发
- 用砂土或其他不燃材料吸收泄漏物
- 如果储罐发生泄漏，可通过倒罐转移尚未泄漏的液体
- 如果海上或水域发生溢油事故，可布放围油栏引导或遏制溢油，防止溢油扩散，使用撇油器、吸油棉或消油剂清除溢油

应急行动

火灾扑救

灭火剂：干粉、二氧化碳、雾状水、泡沫

- 不得使用直流水扑救
- 在确保安全的前提下，将容器移离火场

储罐、公路/铁路槽车火灾

- 尽可能远距离灭火或使用遥控水枪或水炮扑救
- 用大量水冷却容器，直至火灾扑灭
- 容器突然发出异常声音或发生异常现象，立即撤离
- 切勿在储罐两端停留

急救

- 皮肤接触：立即脱去污染的衣着，用清水彻底冲洗皮肤。就医
- 眼睛接触：立即提起眼睑，用大量流动清水彻底冲洗。就医
- 吸入：迅速脱离现场至空气新鲜处，保持呼吸道通畅。如呼吸困难，给输氧。呼吸、心跳停止，立即进行心肺复苏术。就医
- 食入：饮水，禁止催吐。就医

69. 三氯硅烷

别　名：硅仿；硅氯仿；三氯甲硅烷　CAS 号：**10025-78-2**

特别警示	★ 有腐蚀及强烈刺激作用 ★ 遇湿易燃 ★ 禁止喷水处理泄漏物或将水喷入容器
化学式	分子式　HSiCl₃　结构式　Cl—SiH—Cl 　　　　　　　　　　　　　　　　Cl

| 危险性 | 危险性类别
● 自燃液体，类别1
● 皮肤腐蚀/刺激，类别1A
● 严重眼损伤/眼刺激，类别1
● 特异性靶器官毒性——次接触，类别3(呼吸道刺激)

● 象形图：

● 警示词：危险
危险货物分类
● 联合国危险货物编号(UN号)：1295
● 联合国运输名称：三氯硅烷
● 联合国危险性类别：4.3，3/8
● 包装类别：I

● 包装标志： |

<table>
<tr><td rowspan="3">危险性</td><td>

燃烧爆炸危险性

- 易燃，蒸气与空气可形成爆炸性混合物，遇明火、高热极易燃烧爆炸
- 蒸气比空气重，能在较低处扩散到相当远的地方，遇火源会着火回燃
- 遇水反应易放出易燃气体，导致燃烧爆炸
- 在火场中，受热的容器有爆炸危险

</td></tr>
<tr><td>

健康危害

- 职业接触限值：MAC 3mg/m³
- 急性毒性：大鼠经口 LD_{50}：1030mg/kg；小鼠吸入 LC_{50}：1500mg/m³(2h)
- 对眼和呼吸道黏膜有强烈刺激作用，急性中毒时出现流泪、咳嗽、气急、胸闷等，重者发生肺水肿
- 眼和皮肤接触其液体可引起灼伤

</td></tr>
<tr><td>

环境影响

- 对水生物有害
- 易挥发，是有害的空气污染物

</td></tr>
<tr><td rowspan="2">理化特性及用途</td><td>

理化特性

- 无色液体，有刺激性臭味
- 沸点：31.8℃
- 相对密度：1.34

</td></tr>
<tr><td>

用途

- 是合成有机氯硅烷的原料，也可用作硅外延片生产过程中的硅源

</td></tr>
</table>

个体防护	<ul><li>佩戴全防型滤毒罐</li><li>穿封闭式防化服</li></ul>
应急行动	**隔离与公共安全** 泄漏：污染范围不明的情况下，初始隔离至少300m，下风向疏散至少1000m。然后进行气体浓度检测，根据有害蒸气或烟雾的实际浓度，调整隔离、疏散距离 火灾：火场内如有储罐、槽车或罐车，隔离800m。考虑撤离隔离区内的人员、物资 <ul><li>疏散无关人员并划定警戒区</li><li>在上风、上坡或上游处停留，切勿进入低洼处</li><li>进入密闭空间之前必须先通风</li></ul> **泄漏处理** <ul><li>消除所有点火源(泄漏区附近禁止吸烟，消除所有明火、火花或火焰)</li><li>在确保安全的情况下，采用关阀、堵漏等措施，以切断泄漏源</li><li>禁止接触或穿越泄漏物</li><li>禁止喷水处理泄漏物或将水喷入容器</li><li>构筑围堤或挖沟槽收容泄漏物，防止进入水体、下水道、地下室或有限空间</li><li>小量泄漏，用砂土或其他不燃材料吸收泄漏物</li><li>若发生大量泄漏，在专家指导下清除</li></ul>

火灾扑救

灭火剂：干粉、苏打灰、石灰、干砂

- 不得用水或泡沫

储罐、公路/铁路槽车火灾

- 尽可能远距离灭火或使用遥控水枪或水炮扑救
- 用大量水冷却容器，直至火灾扑灭
- 禁止将水注入容器
- 容器突然发出异常声音或发生异常现象，立即撤离
- 切勿在储罐两端停留

急救

- 皮肤接触：立即脱去污染的衣着，用大量流动清水冲洗 20~30min。就医
- 眼睛接触：立即提起眼睑，用大量流动清水或生理盐水彻底冲洗 10~15min。就医
- 吸入：迅速脱离现场至空气新鲜处，保持呼吸道通畅。如呼吸困难，给输氧。呼吸、心跳停止，立即进行心肺复苏术。就医
- 食入：饮水，给饮牛奶或蛋清。就医

应急行动

70. 三氯化磷

CAS 号：7719-12-2

特别警示	★ 有腐蚀性 ★ 遇水猛烈分解，产生大量的热和浓烟，甚至爆炸
化学式	分子式　PCl_3　结构式 $$\begin{array}{c} Cl \\ | \\ P \\ Cl \quad Cl \end{array}$$
危险性	**危险性类别** • 急性毒性-经口，类别 2* • 急性毒性-吸入，类别 2* • 皮肤腐蚀/刺激，类别 1A • 严重眼损伤/眼刺激，类别 1 • 特异性靶器官毒性-反复接触，类别 2* • 象形图： • 警示词：危险 **危险货物分类** • 联合国危险货物编号（UN 号）：1809 • 联合国运输名称：三氯化磷 • 联合国危险性类别：6.1，8 • 包装类别：I • 包装标志：

<table>
<tr><td rowspan="4">危险性</td><td>

燃烧爆炸危险性
- 本品不燃
- 遇水猛烈分解，产生大量的热和氯化氢烟雾，甚至爆炸
</td></tr>
<tr><td>

健康危害
- 职业接触限值：$PC-TWA$ 1mg/m³；$PC-STEL$ 2mg/m³
- $IDLH$：25ppm
- 急性毒性：大鼠经 LD_{50}：18mg/kg；大鼠吸入 LC_{50}：104ppm（4h）
- 急性中毒引起结膜炎、支气管炎、肺炎和肺水肿
- 可致眼和皮肤灼伤
</td></tr>
<tr><td>

环境影响
- 易挥发，对动植物有害，是有害的空气污染物
- 易水解，对水生生物有害
</td></tr>
<tr><td rowspan="2">理化特性及用途</td></tr>
</table>

理化特性
- 无色澄清的发烟液体。暴露在空气中，易冒烟。置于潮湿空气中能水解成亚磷酸和氯化氢。遇水猛烈分解
- 沸点：74.2℃
- 相对密度：1.57

用途
- 用于生产有机磷农药、五氯化磷、三氯氧磷、三氯硫磷、亚磷酸及其酯类、表面活性剂、水处理剂、阻燃剂、增塑剂、稳定剂、催化剂、萃取剂等，在染料、医药等的生产中也有应用

个体防护	<ul><li>佩戴正压式空气呼吸器</li><li>穿封闭式防化服</li></ul>
应急行动	**隔离与公共安全** 　泄漏：污染范围不明的情况下，初始隔离至少300m，下风向疏散至少1000m。如果泄漏到水中，初始隔离至少300m，下风向疏散至少1000m。然后进行气体浓度检测，根据有害蒸气或烟雾以及水体污染物的实际浓度，调整隔离、疏散距离 　火灾：火场内如有储罐、槽车或罐车，隔离800m。考虑撤离隔离区内的人员、物资 <ul><li>疏散无关人员并划定警戒区</li><li>在上风、上坡或上游处停留，切勿进入低洼处</li><li>进入密闭空间之前必须先通风</li></ul> **泄漏处理** <ul><li>未穿全身防护服时，禁止触及毁损容器或泄漏物</li><li>在确保安全的情况下，采用关阀、堵漏等措施，以切断泄漏源</li><li>构筑围堤或挖沟槽收容泄漏物，防止进入水体、下水道、地下室或有限空间</li><li>喷雾状水稀释烟雾，禁止将水直接喷向泄漏区或容器内</li><li>用砂土或其他不燃材料吸收泄漏物</li><li>如果储罐或槽车发生泄漏，可通过倒罐转移尚未泄漏的液体</li></ul>

应急行动

火灾扑救

　　灭火剂：干粉、二氧化碳、干砂

　　● 在确保安全的前提下，将容器移离火场

储罐、公路/铁路槽车火灾

　　● 用大量水冷却容器，直至火灾扑灭

　　● 禁止将水注入容器

　　● 容器突然发出异常声音或发生异常现象，立即撤离

　　● 切勿在储罐两端停留

急救

　　● 皮肤接触：立即脱去污染的衣着，立即用清洁棉花或布等吸去液体。用大量流动清水冲洗。就医

　　● 眼睛接触：立即提起眼睑，用大量流动清水或生理盐水彻底冲洗 10~15min。就医

　　● 吸入：迅速脱离现场至空气新鲜处，保持呼吸道通畅。如呼吸困难，给输氧。呼吸、心跳停止，立即进行心肺复苏术。就医

　　● 食入：用水漱口，无腐蚀症状者洗胃。忌服油类。就医

71. 三氯化铝

别　名：**氯化铝**　CAS 号：**7446-70-0**

特别警示	★ *有腐蚀性* ★ *遇水或水蒸气反应放热并产生有毒的腐蚀性气体*
化学式	分子式　AlCl₃　结构式　　$$\begin{array}{c} \text{Cl} \quad\quad \text{Cl} \\ \diagdown \quad \diagup \\ \text{Al} \\ \vert \\ \text{Cl} \end{array}$$
危险性	危险性类别 ● 皮肤腐蚀/刺激，类别 1B ● 严重眼损伤/眼刺激，类别 1 ● 危害水生环境–急性危害，类别 2 ● 象形图： ● 警示词：危险
	危险货物分类 (1)联合国危险货物编号(UN 号)：1726 联合国运输名称：无水氯化铝 联合国危险性类别：8 包装类别：Ⅱ 包装标志：

危险性	(2)联合国危险货物编号(UN 号)：2581 联合国运输名称：氯化铝溶液 联合国危险性类别：8 包装类别：Ⅲ 包装标志： **燃烧爆炸危险性** ● 本品不燃 **健康危害** ● 急性毒性：大鼠经口 LD_{50}：3300mg/kg(六水化合物) ● 吸入高浓度可引起支气管炎，可引起支气管哮喘 ● 对皮肤、黏膜有刺激作用。受潮或遇水产生氯化氢，刺激性更强，甚至造成灼伤 ● 误服量大时，造成消化道灼伤 **环境影响** ● 对水生生物有害
理化特性及用途	**理化特性** ● 白色、黄色或微带灰色的颗粒或粉末。在潮湿空气中强烈发烟。溶于水，生成六水合物，并放出热量，无水氯化铝的活性较高，遇水或水蒸气发生放热反应，释放出有毒和腐蚀性的氯化氢 ● 熔点：190℃(253kPa) ● 相对密度：2.44(25℃)

理化特性及用途	**用途** • 用作有机合成中的催化剂，广泛用于石油裂解、合成染料、合成橡胶、合成洗涤剂、医药、香料、农药等行业 • 也用于制备铝有机化合物以及金属的炼制
个体防护	• 佩戴全面罩防尘面具 • 穿简易防化服 • 戴防化手套 • 穿防化安全靴
应急行动	**隔离与公共安全** 　泄漏：污染范围不明的情况下，初始隔离至少25m，下风向疏散至少100m。如果溶液发生泄漏，初始隔离至少50m，下风向疏散至少100m。如果泄漏到水中，初始隔离至少100m，下风向疏散至少800m。然后进行气体浓度检测，根据有害气体和水体污染物的实际浓度，调整隔离、疏散距离 　火灾：火场内如有储罐、槽车或罐车，隔离800m。考虑撤离隔离区内的人员、物资 • 疏散无关人员并划定警戒区 • 在上风、上坡或上游处停留，切勿进入低洼处 • 进入密闭空间之前必须先通风

应急行动

泄漏处理
- 未穿全身防护服时，禁止及毁损容器或泄漏物
- 在确保安全的情况下，采用关阀、堵漏等措施，以切断泄漏源

固体泄漏
- 用塑料布覆盖泄漏物，减少飞散，避免雨淋
- 用清净的工具收集泄漏物，置于一盖子较松的塑料容器中

溶液泄漏
- 构筑围堤或挖沟槽收容泄漏物，防止进入水体、下水道、地下室或有限空间
- 喷雾状水稀释烟雾，禁止将水直接喷向泄漏区或容器内

火灾扑救
灭火剂：干粉、二氧化碳、干砂
- 在确保安全的前提下，将包装移离火场

急救
- 皮肤接触：立即脱去污染的衣着，用大量流动清水冲洗 20~30min。就医
- 眼睛接触：立即提起眼睑，用大量流动清水或生理盐水彻底冲洗 10~15min。就医
- 吸入：迅速脱离现场至空气新鲜处。保持呼吸道通畅。如呼吸困难，给输氧。呼吸、心跳停止，立即进行心肺复苏术。就医
- 食入：用水漱口，给饮牛奶或蛋清。就医

72. 三氯乙烯

CAS 号: **79-01-6**

特别警示	★ 确认人类致癌物 ★ 遇明火、高热能引起燃烧爆炸 ★ 火场温度下易发生危险的聚合反应
化学式	分子式　C_2HCl_3　结构式　 $$\begin{array}{c}\text{Cl}\\ \diagdown\\ \text{Cl}-\text{C}=\text{C}-\text{Cl}\\ \qquad\quad\|\\ \qquad\quad\text{H}\end{array}$$
危险性	危险性类别 ● 皮肤腐蚀/刺激，类别 2 ● 严重眼损伤/眼刺激，类别 2 ● 生殖细胞致突变性，类别 2 ● 致癌性，类别 1B ● 特异性靶器官毒性——次接触，类别 3（麻醉效应） ● 危害水生环境-长期危害，类别 3 ● 象形图： ● 警示词：危险

危险性

危险货物分类
- 联合国危险货物编号(UN号)：1710
- 联合国运输名称：三氯乙烯
- 联合国危险性类别：6.1
- 包装类别：Ⅲ

- 包装标志：

燃烧爆炸危险性
- 遇明火、高热能引起燃烧或爆炸
- 受紫外光照射或在燃烧或加热时分解产生有毒的光气和腐蚀性的盐酸烟雾

健康危害
- 职业接触限值：$PC-TWA$ 30mg/m³(G2A)
- $IDLH$：1000ppm
- 急性毒性：大鼠经口 LD_{50}：4920mg/kg；大鼠吸入 LC_{50}：137752mg/m³(4h)
- 可经呼吸道、消化道和皮肤吸收引起中毒
- 吸入高浓度后可有眼和上呼吸道刺激症状。出现头痛、头晕、酩酊感、嗜睡等，重者发生谵妄、抽搐、昏迷、呼吸麻痹、循环衰竭。可出现以三叉神经损害为主的颅神经损害。可有心、肝、肾损害
- 吸入极高浓度可迅速发生昏迷

危险性	环境影响 • 对水生生物有毒性作用，能在水环境中造成长期的有害影响 • 在土壤中具有很强的迁移性 • 在藻类中有很强的富集性；在鱼类和虾类中有一定程度的生物富集性 • 臭氧消耗潜能值 *ODP* 为 0.08~0.13 • 很难被生物降解
理化特性及用途	理化特性 • 无色透明液体，有似氯仿的气味。不溶于水。氧化氮、氧气等氧化剂均能引发氯乙烯的聚合反应 • 沸点：87.1℃ • 相对密度：1.47 • 爆炸极限：12.5%~90.0%
	用途 • 是重要的工业溶剂，用于溶解脂肪、树脂，用于脱蜡、金属清洗。用于制造靛蓝。用作其他染料的中间体。农业上用作杀虫剂。还用作干洗剂
个体防护	• 佩戴全防型滤毒罐 • 穿简易防化服 • 戴防化手套 • 穿防化安全靴

隔离与公共安全

泄漏：污染范围不明的情况下，初始隔离至少100m，下风向疏散至少500m。然后进行气体浓度检测，根据有害蒸气的实际浓度，调整隔离、疏散距离

火灾：火场内如有储罐、槽车或罐车，隔离800m。考虑撤离隔离区内的人员、物资

- 疏散无关人员并划定警戒区
- 在上风、上坡或上游处停留，切勿进入低洼处
- 进入密闭空间之前必须先通风

应急行动

泄漏处理

- 消除所有点火源（泄漏区附近禁止吸烟，消除所有明火、火花或火焰）
- 在确保安全的情况下，采用关阀、堵漏等措施，以切断泄漏源
- 筑堤或挖沟槽收容泄漏物，防止进入水体、下水道、地下空或有限空间
- 用砂土或其他不燃材料吸收撒漏物

水体泄漏

- 沿河两岸进行警戒，严禁取水、用水、捕捞等一切活动
- 在下游筑坝拦截污染水，同时在上游开渠引流，让清洁水绕过污染带
- 监测水中污染物的浓度
- 如果已溶解，在浓度不低于10ppm的区域，用10倍于泄漏量的活性炭吸附污染物

火灾扑救

灭火剂：干粉、二氧化碳、雾状水、泡沫

- 在确保安全的前提下，将容器移离火场

储罐、公路/铁路槽车火灾

- 尽可能远距离灭火或使用遥控水枪或水炮扑救
- 用大量水冷却容器，直至火灾扑灭
- 容器突然发出异常声音或发生异常现象，立即撤离
- 切勿在储罐两端停留

应急行动

急救

- 皮肤接触：立即脱去污染的衣着，用清水彻底冲洗皮肤。就医
- 眼睛接触：立即提起眼睑，用流动清水或生理盐水冲洗。就医
- 吸入：迅速脱离现场至空气新鲜处，保持呼吸道通畅。如呼吸困难，给输氧。呼吸、心跳停止，立即进行心肺复苏术。就医
- 食入：饮足量温水，催吐。避免饮牛奶、油类，避免饮酒精。就医

73. 三氧化硫

别　名：**硫酸酐**　CAS 号：**7446-11-9**

特别警示	★ 有强烈的刺激和腐蚀作用 ★ 与水发生剧烈反应
化学式	分子式　SO_3　结构式
危险性	**危险性类别** • 皮肤腐蚀/刺激，类别 1A • 严重眼损伤/眼刺激，类别 1 • 特异性靶器官毒性——次接触，类别 3（呼吸道刺激） • 象形图： • 警示词：危险 **危险货物分类** • 联合国危险货物编号（UN 号）：1829 • 联合国运输名称：三氧化硫，稳定的 • 联合国危险性类别：8 • 包装类别：I • 包装标志：

<table>
<tr><td rowspan="3">危险性</td><td>

燃烧爆炸危险性

• 本品不燃，可助燃

</td></tr>
<tr><td>

健康危害

• 职业接触限值：$PC-TWA$ 1mg/m³（G1）；$PC-STEL$ 2mg/m³（G1）

• 对皮肤、眼睛和黏膜有强刺激性，是一种腐蚀性毒剂，毒性与硫酸大致相同

</td></tr>
<tr><td>

环境影响

• 进入水体后，生成硫酸，使 pH 值急剧下降，对水生生物和底泥微生物是致命的

• 是有害的空气污染物

</td></tr>
<tr><td rowspan="2">理化特性及用途</td><td>

理化特性

• 无色透明液体或结晶，有刺激性气味。与水发生剧烈反应，生成硫酸。吸湿性极强。在空气中产生有毒的烟雾，对大多数金属有强腐蚀性。与碱发生中和反应放出大量的热量

• 熔点：16.8℃（γ）；32.5℃（β）；62.3℃（α）；95℃（δ）

• 沸点：44.8℃

• 相对密度：1.92

</td></tr>
<tr><td>

用途

• 用于制造硫酸、氯磺酸、氨基磺酸、硫酸二甲酯、洗涤剂等，在有机合成中用作磺化剂

</td></tr>
</table>

个体防护	<ul><li>佩戴全防型滤毒罐</li><li>穿封闭式防化服</li></ul>
应急行动	**隔离与公共安全** 泄漏：污染范围不明的情况下，初始隔离至少300m，下风向疏散至少1000m。然后进行气体浓度检测，根据有害蒸气的实际浓度，调整隔离、疏散距离 火灾：火场内如有储罐、槽车或罐车，隔离800m。考虑撤离隔离区内的人员、物资<ul><li>疏散无关人员并划定警戒区</li><li>在上风、上坡或上游处停留，切勿进入低洼处</li><li>进入密闭空间之前必须先通风</li></ul> **泄漏处理**<ul><li>未穿全身防护服时，禁止触及毁损容器或泄漏物</li><li>在确保安全的情况下，采用关阀、堵漏等措施，以切断泄漏源</li><li>筑堤或挖沟槽收容泄漏物，防止进入水体、下水道、地下室或有限空间</li><li>喷雾状水溶解、稀释烟雾，禁止将水直接喷向泄漏区或容器内</li><li>用砂土或其他不燃材料吸收泄漏物</li><li>用碳酸钠中和泄漏物</li></ul>

火灾扑救

灭火剂：干粉、二氧化碳、干砂

- 在确保安全的前提下，将容器移离火场
- 用大量水冷却容器，直至火灾扑灭
- 禁止将水注入容器

应
急
行
动

急救

- 皮肤接触：立即脱去污染的衣着，用大量流动清水冲洗 20~30min。就医
- 眼睛接触：立即提起眼睑，用大量流动清水或生理盐水彻底冲洗 10~15min。就医
- 吸入：迅速脱离现场至空气新鲜处。保持呼吸道通畅。如呼吸困难，给输氧。呼吸、心跳停止，立即进行心肺复苏术。就医
- 食入：用水漱口，给饮牛奶或蛋清。就医

74. 三异丁基铝

CAS 号：100-99-2

特别警示	★ 接触空气会冒烟自燃 ★ 具有强烈的刺激性和腐蚀性，皮肤接触可致灼伤 ★ 遇水，高温剧烈分解，放出易燃的烷烃气体
化学式	分子式　$C_{12}H_{27}Al$　结构式 
危险性	危险性类别 ● 自燃液体，类别 1 ● 遇水放出易燃气体的物质和混合物，类别 1 ● 皮肤腐蚀/刺激，类别 2 ● 严重眼损伤/眼刺激，类别 1 ● 象形图： ● 警示词：危险

	危险货物分类 　● 联合国危险货物编号(UN 号)：3394 　● 联合国运输名称：液态有机金属物质，发火，遇水反应 　● 联合国危险性类别：4.2，4.3 　● 包装类别：Ⅰ 　● 包装标志：
危 险 性	燃烧爆炸危险性 　● 接触空气会冒烟自燃 　● 对微量的氧及水分反应极其灵敏，易引起燃烧爆炸
	健康危害 　● 高浓度吸入可引起急性结膜炎、急性支气管炎，重者可引起肺水肿。吸入其烟雾可致烟雾热，出现头痛、不适、寒颤、发热、出汗等症状 　● 皮肤接触其原液可致灼伤
	环境影响 　● 遇水剧烈反应，可能对水生环境有害

理化特性及用途	**理化特性** ● 无色透明液体，具有强烈的霉烂气味。在空气中能自燃。遇高温剧烈分解。与水反应放出易燃气体和大量的热量 ● 熔点：-5.6℃ ● 沸点：86℃ ● 相对密度：0.786 **用途** ● 主要用作催化剂，如用作顺丁橡胶、合成树脂、合成纤维和烯烃聚合的催化剂 ● 也可用作其他金属有机化合物的中间体、化学反应的还原剂，以及喷气发动机的高能燃料
个体防护	● 佩戴全防型滤毒罐 ● 穿封闭式防化服
应急行动	**隔离与公共安全** 　泄漏：污染范围不明的情况下，初始隔离至少300m，下风向疏散至少1000m。然后进行气体浓度检测，根据有害蒸气的实际浓度，调整隔离、疏散距离 　火灾：火场内如有储罐、槽车或罐车，隔离800m。考虑撤离隔离区内的人员、物资 ● 疏散无关人员并划定警戒区 ● 在上风、上坡或上游处停留，切勿进入低洼处

应急行动

泄漏处理

- 消除所有点火源(泄漏区附近禁止吸烟,消除所有明火、火花或火焰)
- 禁止接触或跨越泄漏物
- 在确保安全的情况下,采用关阀、堵漏等措施,以切断泄漏源
- 使用非火花工具收集泄漏物
- 防止泄漏物进入水体、下水道、地下室或有限空间

火灾扑救

灭火剂:干粉、干砂

- 在确保安全的前提下,将容器移离火场
- 用大量水冷却容器,直至火灾扑灭
- 容器突然发出异常声音或发生异常现象,立即撤离

急救

- 皮肤接触:立即脱去污染的衣着,用大量流动清水冲洗。就医
- 眼睛接触:立即提起眼睑,用大量流动清水或生理盐水彻底冲洗 10~15min。就医
- 吸入:迅速脱离现场至空气新鲜处,保持呼吸道通畅。如呼吸困难,给输氧。呼吸、心跳停止,立即进行心肺复苏术。就医
- 食入:饮水,给饮牛奶或蛋清。就医

75. 沙林

别　名：**甲氟磷酸异丙酯**　CAS号：**107-44-8**

特别警示	★ 用作军事毒剂 ★ 稀氢氧化钠或碳酸钠溶液中快速水解，生成相对无毒的物质
化学式	分子式　$C_4H_{10}FO_2P$　结构式
危险性	**危险性类别** ● 急性毒性-经口，类别1 ● 急性毒性-吸入，类别1 ● 象形图： ● 警示词：危险
	危险货物分类 ● 联合国危险货物编号(UN号)：2810 ● 联合国运输名称：有机毒性液体，未另作规定的 ● 联合国危险性类别：6.1 ● 包装类别：I ● 包装标志：

危险性	**燃烧爆炸危险性** • 可燃
	健康危害 • 急性毒性：大鼠经口 LD_{50}：0.55mg/kg；大鼠吸入 LC_{50}：150mg/m³（10min） • 为神经性毒剂，属有机磷酸酯类化合物。可经呼吸道、皮肤和消化道进入体内。进入体内迅速与胆碱酯酶结合 • 中毒表现有恶心、呕吐、腹痛、腹泻、流涎、大汗、瞳孔缩小、呼吸道分泌物增加、呼吸困难、昏迷、肌束震颤、肌麻痹，严重者因呼吸肌麻痹致死。吸入高浓度，在 1~10min 内就可死亡 • 血胆碱酯酶活性下降
	环境影响 • 在土壤中具有很强的迁移性 • 极易挥发，对动植物有很大的危害，是危险空气污染物 • 易水解，尤其当 pH 值小于 4.5 或 pH 值大于 6.5 时，水解生成氢氟酸和甲磷酸异丙酯，对水生生物有很强的毒性作用
理化特性及用途	**理化特性** • 无色液体，工业品呈淡黄色或棕色，有微弱的苹果香味。与水混溶。在水中缓慢水解，生成氟化氢。加碱和煮沸可加快水解 • 沸点：158℃ • 相对密度：1.1
	用途 • 用作军用毒剂

个体防护	<ul><li>佩戴正压式空气呼吸器或全防型滤毒罐</li><li>穿封闭式防化服</li></ul>
应急行动	**隔离与公共安全** 　泄漏：污染范围不明的情况下，初始隔离至少300m，下风向疏散至少1000m。然后进行气体浓度检测，根据有害蒸气的实际浓度，调整隔离、疏散距离 　火灾：火场内如有储罐、槽车或罐车，隔离800m。考虑撤离隔离区内的人员、物资 <ul><li>疏散无关人员并划定警戒区</li><li>在上风、上坡或上游处停留，切勿进入低洼处</li><li>加强现场通风</li></ul> **泄漏处理** <ul><li>消除所有点火源(泄漏区附近禁止吸烟，消除所有明火、火花或火焰)</li><li>未穿全身防护服时，禁止触及毁损容器或泄漏物</li><li>在保证安全的情况下切断泄漏源</li><li>筑堤或挖沟槽收容泄漏物，防止进入水体、下水道、地下室或密闭性空间</li><li>用砂土或其他不燃材料吸收泄漏物</li><li>在氢氧化钠或碳酸钠稀水溶液中快速水解，生成氟化氢</li></ul>

火灾扑救

灭火剂：干粉、雾状水、抗溶性泡沫、二氧化碳

- 在确保安全的前提下，将容器移离火场
- 筑堤收容消防污水以备处理，不得随意排放
- 用大量水冷却容器，直至火灾扑灭
- 容器突然发出异常声音或发生异常现象，立即撤离

急救

- 吸入：抢救人员须佩戴空气呼吸器或防毒面具、穿防毒服进入现场。快速将中毒者移至上风向空气新处，保持呼吸道通畅。如呼吸困难，给输氧。呼吸、心跳停止，立即进行心肺复苏术。立即就地应用解毒药。就医

- 皮肤接触：立即脱去污染的衣着，用肥皂水及流动清水彻底冲洗污染的皮肤、头发、指甲等。就医

- 眼睛接触：用清水或2%碳酸氢钠溶液彻底冲洗眼睛（提起眼睑彻底冲洗）。冲洗后滴入1%后马托品。就医

- 解毒剂：

（1）阿托品 2~4mg 肌肉注射

（2）氯磷定 0.5~0.75g 肌肉注射

（3）若有现成的解磷注射液（为阿托品3mg、氯磷定400mg、苯那辛3mg制成的2mL 1支的制剂），肌肉注射1~2支

（4）解毒药还可以是神经毒急救复方，其组成是阿托品2mg、氯磷定1g、胃复康3mg

应急行动

76. 石脑油

别　名：**粗汽油**　CAS 号：**8030-30-6**

特别警示	★ **易燃，其蒸气与空气混合，能形成爆炸性混合物** ★ **注意：闪点很低，用水灭火无效** ★ **不得使用直流水扑救**
危险性	**危险性类别** • 易燃液体，类别 2* • 生殖细胞致突变性，类别 1B • 吸入危害，类别 1 • 危害水生环境–急性危害，类别 2 • 危害水生环境–长期危害，类别 2 • 象形图： • 警示词：危险 **危险货物分类** • 联合国危险货物编号（UN 号）：1268 • 联合国运输名称：石油馏出物，未另作规定的或石油产品，未另作规定的 • 联合国危险性类别：3 • 包装类别：Ⅰ、Ⅱ或Ⅲ • 包装标志：

燃烧爆炸危险性

- 易燃，蒸气与空气可形成爆炸性混合物，遇明火高热极易燃烧爆炸
- 蒸气比空气重，能在较低处扩散到相当远的地方，遇火源会着火回燃
- 流速过快，容易产生和积聚静电
- 在火场中，受热的容器有爆炸危险

健康危害

- *IDLH*：1000ppm［LEL］
- 急性毒性：大鼠吸入 LC_{50}：16000mg/m³(4h)
- 具有刺激性和中枢神经系统抑制作用
- 可引起眼和上呼吸道刺激症状。蒸气浓度过高，可引起呼吸困难、紫绀等缺氧症状

环境影响

- 对水生生物有害
- 在土壤中具有极强的迁移性
- 有中等程度的生物富集性
- 可被生物降解，但长时间接触，对污泥微生物有害

危险性

理化特性及用途	**理化特性** • 无色或浅黄色液体，有特殊气味。根据其用途不同，终馏点的切割温度各不相同，一般不高于 220℃。不溶于水 • 相对密度：0.63~0.76 • 爆炸极限：1.2%~6.0% **用途** • 用作重整原料、乙烯裂解原料、制氢原料、化工原料以及车用汽油的调和组分 • 也可用作溶剂
个体防护	• 佩戴简易滤毒罐 • 穿简易防化服 • 戴防化手套 • 穿防化安全靴

隔离与公共安全

　　泄漏：污染范围不明的情况下，初始隔离至少100m，下风向疏散至少500m。发生大规模泄漏时，初始隔离至少500m，下风向疏散至少1000m。然后进行气体浓度检测，根据有害蒸气的实际浓度，调整隔离、疏散距离

　　火灾：火场内如有储罐、槽车或罐车，隔离800m。考虑撤离隔离区内的人员、物资

- 疏散无关人员并划定警戒区
- 在上风、上坡或上游处停留，切勿进入低洼处
- 进入密闭空间之前必须先通风

应急行动	**泄漏处理** - 消除所有点火源(泄漏区附近禁止吸烟，消除所有明火、火花或火焰) - 使用防爆的通信工具 - 在确保安全的情况下，采用关阀、堵漏等措施，以切断泄漏源 - 作业时所有设备应接地 - 构筑围堤或挖沟槽收容泄漏物，防止进入水体、下水道、地下室或有限空间 - 用泡沫覆盖泄漏物，减少挥发 - 用砂土或其他不燃材料吸收泄漏物 - 如果储罐发生泄漏，可通过倒罐转移尚未泄漏的液体 - 如果海上或水域发生溢油事故，可布放围油栏引导或遏制溢油，防止溢油扩散，使用撇油器、吸油棉或消油剂清除溢油

<table>
<tr><td rowspan="2">应
急
行
动</td><td>

火灾扑救

　注意：闪点很低，用水灭火无效

　灭火剂：干粉、二氧化碳、泡沫

　● 不得使用直流水扑救

　● 在确保安全的前提下，将容器移离火场

储罐、公路/铁路槽车火灾

　● 尽可能远距离灭火或使用遥控水枪或水炮扑救

　● 用大量水冷却容器，直至火灾扑灭

　● 容器突然发出异常声音或发生异常现象，立即撤离

　● 切勿在储罐两端停留

</td></tr>
<tr><td>

急救

　● 皮肤接触：立即脱去污染的衣着，用清水彻底冲洗皮肤。就医

　● 眼睛接触：立即提起眼睑，用流动清水或生理盐水冲洗。就医

　● 吸入：迅速脱离现场至空气新鲜处。保持呼吸道通畅。如呼吸困难，给输氧。呼吸、心跳停止，立即进行心肺复苏术。就医

　● 食入：饮水，禁止催吐。就医

</td></tr>
</table>

77. 碳化钙

别　名：电石　CAS号：75-20-7

特别警示	★ 禁止喷水处理泄漏物或将水喷入容器 ★ 遇水剧烈反应，产生高度易燃气体
化学式	分子式　CaC_2　结构式　$\begin{matrix} C^- \\ \| \| \\ C^- \end{matrix} Ca^{2+}$
危险性	**危险性类别** • 遇水放出易燃气体的物质和混合物，类别1 • 象形图： • 警示词：危险 **危险货物分类** • 联合国危险货物编号（UN号）：1402 • 联合国运输名称：碳化钙 • 联合国危险性类别：4.3 • 包装类别：Ⅰ或Ⅱ • 包装标志：

危险性	**燃烧爆炸危险性** • 干燥时不燃 • 遇水或湿气能迅速产生高度易燃的乙炔气体，在空气中达到一定浓度时，会发生燃烧或爆炸
	健康危害 • 损害皮肤，引起皮肤瘙痒、炎症、"鸟眼"样溃疡、黑皮病。皮肤灼伤表现为创面长期不愈及慢性溃疡型
	环境影响 • 进入水体后，发生剧烈反应，生成氢氧化钙和乙炔，对水生生物有害
理化特性及用途	**理化特性** • 无色晶体，工业品为灰黑色块状物，断面为紫色或灰色 • 熔点：2300℃ • 相对密度：2.22
	用途 • 用作制乙炔、氰氨化钙和有机合成的原料
个体防护	• 佩戴简易滤毒罐 • 穿简易防化服 • 戴防化手套 • 穿防化安全靴

<table>
<tr>
<td rowspan="4">应急行动</td>
<td>

隔离与公共安全

泄漏：污染范围不明的情况下，初始隔离至少25m，下风向疏散至少100m

火灾：火场内如有储罐、槽车或罐车，隔离800m。考虑撤离隔离区内的人员、物资

- 疏散无关人员并划定警戒区
- 在上风、上坡或上游处停留
- 进入密闭空间之前必须先通风

</td>
</tr>
<tr>
<td>

泄漏处理

- 消除所有点火源(泄漏区附近禁止吸烟、消除所有明火、火花或火焰)
- 严禁使用水
- 禁止接触或穿越泄漏物
- 用塑料布或帆布覆盖，以减少扩散，保持干燥

</td>
</tr>
<tr>
<td>

火灾扑救

- 灭火剂：干粉、苏打灰、石灰或干砂
- 禁止用水或泡沫
- 禁止将水注入容器

</td>
</tr>
<tr>
<td>

急救

- 皮肤接触：立即脱去污染的衣着，用大量流动清水冲洗。就医
- 眼睛接触：立即提起眼睑，用大量流动清水或生理盐水彻底冲洗10~15min。就医
- 吸入：脱离现场至空气新鲜处。保持呼吸道通畅
- 食入：饮足量温水，催吐。就医

</td>
</tr>
</table>

78. 天然气

CAS 号：74-82-8

<table>
<tr><td rowspan="1">特别警示</td><td>★ 极易燃
★ 若不能切断泄漏气源，则不允许熄灭泄漏处的火焰</td></tr>
<tr><td rowspan="2">危险性</td><td>危险性类别
• 易燃气体，类别 1
• 加压气体

• 象形图：

• 警示词：危险</td></tr>
<tr><td>危险货物分类
(1)联合国危险货物编号(UN 号)：1971
联合国运输名称：压缩甲烷或甲烷含量高的压缩天然气
联合国危险性类别：2.1
包装类别：

包装标志：</td></tr>
</table>

(2)联合国危险货物编号（UN号）：1972

联合国运输名称：冷冻液态甲烷或甲烷含量高的冷冻液态天然气

联合国危险性类别：2.1

包装类别：

包装标志：

危险性	燃烧爆炸危险性

燃烧爆炸危险性

● 极易燃，与空气混合能形成爆炸性混合物，遇热源和明火有燃烧爆炸的危险

健康危害

● 吸入后可引起急性中毒。轻者出现头痛、头昏、胸闷、呕吐、乏力等。重者出现昏迷、口唇紫绀、抽搐。部分中毒者出现心律失常

● 皮肤接触液化气体可引起冻伤

环境影响

● 根据其成分的不同，对环境可能产生不同程度的有害影响

理化特性及用途

理化特性

● 无色气体，当混有硫化氢时，有强烈的刺鼻臭味。不溶于水

● 气体相对密度：0.7~0.75

● 爆炸极限：5%~15%

理化特性及用途	**用途** • 干气一般用作民用燃料、锅炉燃料或制氢、合成氨、甲醇、炭黑等的原料。湿气可作裂解原料，制取乙烯、丙烯等，还可从中回收凝析汽油
个体防护	• 泄漏状态下佩戴正压式空气呼吸器，火灾时可佩戴简易滤毒罐 • 穿简易防化服 • 处理液化气体时，应穿防寒服
应急行动	**隔离与公共安全** 　泄漏：污染范围不明的情况下，初始隔离至少100m，下风向疏散至少800m。大口径输气管线泄漏时，初始隔离至少1000m，下风向疏散至少1500m。然后进行气体浓度检测，根据有害气体的实际浓度，调整隔离、疏散距离 　火灾：火场内如有储罐、槽车或罐车，隔离1600m。考虑撤离隔离区内的人员、物资 • 疏散无关人员并划定警戒区 • 在上风、上坡或上游处停留

应急行动	**泄漏处理** • 消除所有点火源(泄漏区附近禁止吸烟,消除所有明火、火花或火焰) • 使用防爆的通信工具 • 作业时所有设备应接地 • 在确保安全的情况下,采取关阀、堵漏等措施,以切断泄漏源 • 防止气体通过通风系统扩散或进入有限空间 • 喷雾状水稀释漏出气,改变蒸气云流向 • 隔离泄漏区直至气体散尽 **火灾扑救** 灭火剂:干粉、雾状水、泡沫、二氧化碳 • 在确保安全的前提下,将容器移离火场 • 若不能切断泄漏气源,则不允许熄灭泄漏处的火焰 • 尽可能远距离灭火或使用遥控水枪或水炮扑救 • 用大量水冷却容器,直至火灾扑灭 • 容器突然发出异常声音或发生异常现象,立即撤离 **急救** • 皮肤接触:如果发生冻伤,将患部浸泡于保持在38~42℃的温水中复温。不要涂擦。不要使用热水或辐射热。使用清洁、干燥的敷料包扎。就医 • 吸入:迅速脱离现场至空气新鲜处。保持呼吸道通畅。如呼吸困难,给输氧。呼吸、心跳停止,立即进行心肺复苏术。就医

79. 戊烷

别　名：正戊烷　CAS号：109-66-0

特别警示	★ 高度易燃，其蒸气与空气混合，能形成爆炸性混合物
	★ 注意：闪点很低，用水灭火无效
	★ 不得使用直流水扑救
化学式	分子式　C_5H_{12}　结构式　
危险性	危险性类别
	● 易燃液体，类别2
	● 特异性靶器官毒性——次接触，类别3(麻醉效应)
	● 吸入危害，类别1
	● 危害水生环境-急性危害，类别2
	● 象形图：![pictograms]
	● 警示词：危险
	危险货物分类
	● 联合国危险货物编号(UN号)：1265
	● 联合国运输名称：戊烷，液体
	● 联合国危险性类别：3
	● 包装类别：Ⅰ或Ⅱ
	● 包装标志：

<table>
<tr><td rowspan="3">危险性</td><td>

燃烧爆炸危险性

- 易燃，蒸气与空气可形成爆炸性混合物，遇明火、高热极易燃烧爆炸
- 蒸气比空气重，能往较低处扩散到相当远的地方，遇火源会着火回燃
- 流速过快，容易产生和积聚静电
- 在火场中，受热的容器有爆炸危险

</td></tr>
<tr><td>

健康危害

- 职业接触限值：$PC\text{-}TWA$ 500mg/m³；$PC\text{-}STEL$ 1000mg/m³
- $IDLH$：1500ppm［LEL］
- 急性毒性：大鼠经口 LD_{50}：>2000mg/kg；大鼠吸入 LC_{50}：364g/m³（4h）
- 高浓度具有轻度刺激和麻醉作用，严重者可发生昏迷

</td></tr>
<tr><td>

环境影响

- 对水生生物有毒性作用，能在水环境中造成长期的有害影响
- 在土壤中具有极强的迁移性
- 有中等程度的生物富集性
- 很难被生物降解

</td></tr>
<tr><td rowspan="2">理化特性及用途</td><td>

理化特性

- 无色透明的易挥发液体，有微弱的薄荷香味。微溶于水
- 沸点：36.1℃
- 相对密度：0.63
- 闪点：-49℃
- 爆炸极限：1.7%~9.75%

</td></tr>
<tr><td>

用途

- 用作溶剂和发泡剂，用于制造人造冰、麻醉剂，合成戊醇、异戊烷等

</td></tr>
</table>

个体防护	<ul><li>佩戴全防型滤毒罐</li><li>穿简易防化服</li><li>戴防化手套</li><li>穿防化安全靴</li></ul>
应急行动	**隔离与公共安全** 　泄漏：污染范围不明的情况下，初始隔离至少50m，下风向疏散至少300m。然后进行气体浓度检测，根据有害蒸气的实际浓度，调整隔离、疏散距离 　火灾：火场内如有储罐、槽车或罐车，隔离800m。考虑撤离隔离区内的人员、物资<ul><li>疏散无关人员并划定警戒区</li><li>在上风、上坡或上游处停留，切勿进入低洼处</li><li>进入密闭空间之前必须先通风</li></ul> **泄漏处理**<ul><li>消除所有点火源（泄漏区附近禁止吸烟，消除所有明火、火花或火焰）</li><li>使用防爆的通信工具</li><li>在确保安全的情况下，采用关阀、堵漏等措施，以切断泄漏源</li><li>作业时所有设备应接地</li><li>构筑围堤或挖沟槽收容泄漏物，防止进入水体、下水道、地下室或有限空间</li><li>喷雾状水稀释挥发的蒸气</li><li>用泡沫覆盖泄漏物，减少挥发</li><li>用砂土或其他不燃材料吸收泄漏物</li><li>如果储罐发生泄漏，可通过倒罐转移尚未泄漏的液体</li></ul>

	火灾扑救
	注意：闪点很低，用水灭火无效
	灭火剂：干粉、二氧化碳、泡沫
	• 不得使用直流水扑救
	• 在确保安全的前提下，将容器移离火场
	储罐、公路/铁路槽车火灾
	• 尽可能远距离灭火或使用遥控水枪或水炮灭火
	• 用大量水冷却容器，直至火灾扑灭
	• 容器突然发出异常声音或发生异常现象，立即撤离
应急行动	
	急救
	• 皮肤接触：脱去污染的衣着，用清水彻底冲洗皮肤。就医
	• 眼睛接触：提起眼睑，用流动清水或生理盐水冲洗。就医
	• 吸入：迅速脱离现场至空气新鲜处，保持呼吸道通畅。如呼吸困难，给输氧。呼吸、心跳停止，立即进行心肺复苏术。就医
	• 食入：饮水，禁止催吐。就医

80. 硝基苯

别　名：**密斑油**　CAS 号：**98-95-3**

特别警示	★ 有毒 ★ 解毒剂：静脉注射亚甲蓝
化学式	分子式　$C_6H_5NO_2$　结构式
危险性	危险性类别 ● 急性毒性-经口，类别 3 ● 急性毒性-经皮，类别 3 ● 急性毒性-吸入，类别 3 ● 致癌性，类别 2 ● 生殖毒性，类别 1B ● 特异性靶器官毒性-反复接触，类别 1 ● 危害水生环境-急性危害，类别 2 ● 危害水生环境-长期危害，类别 2 ● 象形图： ● 警示词：危险

危
险
性

危险货物分类

- 联合国危险货物编号(UN 号)：1662
- 联合国运输名称：硝基苯
- 联合国危险性类别：6.1
- 包装类别：Ⅱ
- 包装标志：

燃烧爆炸危险性

- 遇明火、高热可燃
- 在火焰中释放出刺激性或有毒烟雾(或气体)

健康危害

- 职业接触限值：$PC-TWA$ 2mg/m³(皮)(G2B)
- $IDLH$：200ppm
- 急性毒性：大鼠经口 LD_{50}：349mg/kg；大鼠经皮 LD_{50}：2100mg/kg；大鼠吸入 LC_{50}：556ppm(4h)
- 经呼吸道和皮肤吸收
- 主要引起高铁血红蛋白血症，出现紫绀。可引起溶血及肝损害

环境影响

- 对水生生物有毒性作用，能在水环境中造成长期的有害影响
- 在土壤中具有极强的迁移性
- 有轻微的生物富集性
- 易被生物降解，但在高浓度时，会使微生物中毒，影响降解效率

理化特性及用途	**理化特性** ● 黄绿色晶体或黄色油状液体，有苦杏仁味。不溶于水 ● 熔点：5.7℃ ● 沸点：210.9℃ ● 相对密度：1.20 ● 闪点：88℃ ● 爆炸极限：1.8%（93℃）~40% **用途** ● 用于生产多种医药和染料中间体，如苯胺、联苯胺、偶氮苯、二硝基苯、间氨基苯磺酸等。也用作有机溶剂
个体防护	● 佩戴全防型滤毒罐 ● 穿封闭式防化服
应急行动	**隔离与公共安全** 泄漏：污染范围不明的情况下，初始隔离至少100m，下风向疏散至少500m。然后进行气体浓度检测，根据有害蒸气的实际浓度，调整隔离、疏散距离 火灾：火场内如有储罐、槽车或罐车，隔离800m。考虑撤离隔离区内的人员、物资 ● 疏散无关人员并划定警戒区 ● 在上风、上坡或上游处停留，切勿进入低洼处

<table>
<tr>
<td rowspan="20">应
急
行
动</td>
<td>

泄漏处理

- 消除所有点火源(泄漏区附近禁止吸烟,消除所有明火、火花或火焰)
- 在确保安全的情况下,采用关阀、堵漏等措施,以切断泄漏源
- 未穿全身防护服时,禁止触及毁损容器或泄漏物
- 筑堤或挖沟槽收容泄漏物,防止进入水体、下水道、地下室或有限空间
- 用砂土或其他不燃材料吸收泄漏物

水体泄漏

- 沿河两岸进行警戒,严禁取水、用水、捕捞等一切活动
- 在下游筑坝拦截污染水,同时在上游开渠引流,让清洁水绕过污染带
- 监测水体中污染物的浓度
- 如果已溶解,在浓度不低于 10ppm 的区域,用 10 倍于泄漏量的活性炭吸附污染物

</td>
</tr>
</table>

<table>
<tr>
<td rowspan="2">应急行动</td>
<td>

火灾扑救

  灭火剂：雾状水、泡沫、干粉、二氧化碳

- 在确保安全的前提下，将容器移离火场
- 筑堤收容消防污水以备处理，不得随意排放

储罐、公路/铁路槽车火灾

- 用大量水冷却容器，直至火灾扑灭
- 容器突然发出异常声音或发生异常现象，立即撤离
- 切勿在储罐两端停留

</td>
</tr>
<tr>
<td>

急救

- 皮肤接触：立即脱去污染的衣着，用清水彻底冲洗皮肤。就医
- 眼睛接触：提起眼睑，用流动清水或生理盐水冲洗。就医
- 吸入：迅速脱离现场至空气新鲜处，保持呼吸道通畅。如呼吸困难，给输氧。呼吸、心跳停止，立即进行心肺复苏术。就医
- 食入：饮足量温水，催吐。就医
- 解毒剂：静脉注射亚甲蓝

</td>
</tr>
</table>

81. 硝酸

别　名：硝镪水；镪水　CAS 号：7697-37-2

特别警示	★ 有强腐蚀性。可引起严重灼伤 ★ 与易燃物、可燃物混合会发生爆炸 ★ 容器内禁止注水
化学式	分子式　HNO_3　结构式
危险性	**危险性类别** ● 氧化性液体，类别 3 ● 皮肤腐蚀/刺激，类别 1A ● 严重眼损伤/眼刺激，类别 1 ● 象形图： ● 警示词：危险 **危险货物分类** ● 联合国危险货物编号(UN 号)：2031 ● 联合国运输名称：硝酸，发红烟的除外，含硝酸高于 70% ● 联合国危险性类别：8，5.1 ● 包装类别：I ● 包装标志：

危险性	**燃烧爆炸危险性** • 本品不燃，能助燃 • 在火焰中释放出刺激性或有毒烟雾(或气体) • 与活泼金属反应，生成氢气而引起燃烧或爆炸 **健康危害** • 急性毒性：大鼠吸入 LC_{50}：65ppm(4h) • *IDLH*：25ppm • 吸入较大量硝酸烟雾或蒸气时，引起眼和上呼吸道刺激症状，重者发生肺水肿。口服引起消化道灼伤 • 皮肤接触引起化学性灼伤。溅入眼内可引起严重灼伤 **环境影响** • 进入水体后，使 pH 值急剧下降，对水生生物和底泥微生物是致命的 • 易挥发，对动植物有很大的危害
理化特性及用途	**理化特性** • 纯品为无色透明的强氧化剂、强腐蚀性液体。工业品一般呈黄色。与水混溶 • 沸点：86℃ • 相对密度：1.50

理化特性及用途	**用途** • 用于化肥、染料、国防、炸药、冶金、医药等工业。用于生产硝酸铵，分解磷矿制取硝酸磷肥。还用作有机合成的硝化剂，制取硝基化合物(染料、医药、硝化纤维、香料)以及用于冶金、选矿、核燃料再处理等
个体防护	• 佩戴全防型滤毒罐 • 穿封闭式防化服

应急行动	**隔离与公共安全**
	  泄漏：污染范围不明的情况下，初始隔离至少300m。然后进行气体浓度检测，根据有害蒸气或烟雾的实际浓度，调整隔离距离
	  火灾：火场内如有储罐、槽车或罐车，隔离800m。考虑撤离隔离区内的人员、物资
	• 疏散无关人员并划定警戒区
	• 在上风、上坡或上游处停留，切勿进入低洼处
	• 加强现场通风

应急行动	泄漏处理 ● 未穿全身防护服时，禁止触及毁损容器或泄漏物 ● 在确保安全的情况下，采用关阀、堵漏等措施，以切断泄漏源 ● 筑堤或挖沟槽收容泄漏物，防止进入水体、下水道、地下室或有限空间 ● 用雾状水稀释酸雾，但要注意收集、处理产生的废水 ● 用砂土或其他不燃材料吸收泄漏物 ● 可以用石灰(CaO)、苏打灰(Na_2CO_3)或碳酸氢钠($NaHCO_3$)中和泄漏物 ● 如果储罐或槽车发生泄漏，可通过倒罐转移尚未泄漏的液体 水体泄漏 ● 沿河两岸进行警戒，严禁取水、用水、捕捞等一切活动 ● 在下游筑坝拦截污染水，同时在上游开渠引流，让清洁水绕过污染带 ● 监测水体中污染物的浓度 ● 可洒入石灰(CaO)、苏打灰(Na_2CO_3)或碳酸氢钠($NaHCO_3$)中和污染物

应急行动	火灾扑救
	灭火剂：不燃，根据着火原因选择适当灭火剂灭火
	• 禁止用大量水灭火
	• 在确保安全的前提下，将容器移离火场
	• 筑堤收容消防污水以备处理，不得随意排放
	储罐、公路/铁路槽车火灾
	• 尽可能远距离灭火或使用遥控水枪或水炮扑救
	• 禁止将水注入容器
	• 用大量水冷却容器，直至火灾扑灭
	• 切勿在储罐两端停留
	急救
	• 皮肤接触：立即脱去污染的衣着，用大量流动清水冲洗 20~30min。就医
	• 眼睛接触：立即提起眼睑，用大量流动清水或生理盐水彻底冲洗 10~15min。就医
	• 吸入：迅速脱离现场至空气新鲜处。保持呼吸道通畅。如呼吸困难，给输氧。呼吸、心跳停止，立即进行心肺复苏术。就医
	• 食入：用水漱口，给饮牛奶或蛋清。就医

82. 硝酸铵

别　名：硝铵　CAS 号：6484-52-2

特别警示	★ 与易燃物、可燃物混合或急剧加热会发生爆炸
化学式	分子式　NH_4NO_3　结构式　$O = N^+ \begin{matrix} O^- \\ O^- \end{matrix} \quad NH_4^+$
危险性	危险性类别 （1）硝酸铵[含可燃物>0.2%] ● 爆炸物，1.1 项 ● 特异性靶器官毒性-一次接触，类别 1 ● 特异性靶器官毒性-反复接触，类别 1 ● 象形图： ● 警示词：危险 （2）硝酸铵[含可燃物≤0.2%] ● 氧化性固体，类别 3 ● 特异性靶器官毒性-一次接触，类别 1 ● 特异性靶器官毒性-反复接触，类别 1 ● 象形图： ● 警示词：危险

<table>
<tr><td rowspan="3">危险性</td><td>

危险货物分类

(1)联合国危险货物编号(UN 号)：0222

● 联合国运输名称：硝酸铵，含可燃物质高于 0.2%，包括以碳计算的任何有机物质，但不包括任何其他添加物质

● 联合国危险性类别：1.1D

● 包装类别：

● 包装标志：

(2)联合国危险货物编号(UN 号)：1942

● 联合国运输名称：硝酸铵，含可燃物质总量不超过 0.2%，包括以碳计算的任何有机物质，但不包括任何其他添加

● 物质联合国危险性类别：5.1

● 包装类别：Ⅲ

● 包装标志：

</td></tr>
</table>

燃烧爆炸危险性

● 本品不燃

● 高温会剧烈分解，甚至发生爆炸，产生有毒和腐蚀性气体

健康危害

● 急性毒性：大鼠经口 LD_{50}：2217mg/kg

● 对呼吸道、眼及皮肤有刺激性

● 大量接触可引起高铁血红蛋白血症，出现紫绀

环境影响

● 大量进入水体，可能会对水生生物有害(如可能造成水体富营养化)

理化特性及用途	**理化特性** ● 无色斜方结晶或白色小颗粒状结晶。吸湿性强，易结块。易溶于水，溶解度随温度升高而迅速增加，溶于水时大量吸热 ● 熔点：169.6℃ ● 相对密度：1.725 **用途** 　主要用作肥料。还可用于制造工业炸药、固体推进剂和弹药、烟火、杀虫剂、冷冻剂等
个体防护	● 佩戴全面罩防尘面具 ● 穿简易防化服 ● 戴防化手套 ● 穿防化安全靴
应急行动	**隔离与公共安全** 　泄漏：污染范围不明的情况下，初始隔离至少25m，下风向疏散至少100m 　火灾：火场内如有储罐、槽车或罐车，隔离800m。考虑撤离隔离区内的人员、物资 ● 疏散无关人员并划定警戒区 ● 在上风、上坡或上游处停留，切勿进入低洼处

应急行动

泄漏处理

- 未穿全身防护服时，禁止触及毁损容器或泄漏物
- 在确保安全的情况下，采用关阀、堵漏等措施以切断泄漏源
- 用洁净的铲子收集泄漏物

火灾扑救

灭火剂：本品不燃，根据着火原因选择适当灭火剂灭火

- 远距离用大量水灭火
- 在确保安全的前提下，将容器移离火场
- 切勿开动已处于火场中的货船或车辆
- 尽可能远距离灭火或使用遥控水枪或水炮扑救
- 用大量水冷却容器，直至火灾扑灭

急救

- 皮肤接触：脱去污染的衣着，用清水彻底冲洗皮肤。就医
- 眼睛接触：提起眼睑，用流动清水或生理盐水冲洗。就医
- 吸入：迅速脱离现场至空气新鲜处，保持呼吸道通畅。如呼吸困难，给输氧。呼吸、心跳停止，立即进行心肺复苏术。就医
- 食入：如患者神志清醒，催吐、洗胃。就医
- 解毒剂：维生素 C、亚甲蓝

83. 溴

别　名：溴素　CAS 号：7726-95-6

特别警示	★ 对皮肤、黏膜有强烈刺激作用和腐蚀作用 ★ 与易燃物、可燃物接触会发生剧烈反应，甚至引起燃烧
化学式	分子式　Br_2　结构式　$Br—Br$
危险性	**危险性类别** ● 急性毒性–吸入，类别 2 * ● 皮肤腐蚀/刺激，类别 1A ● 严重眼损伤/眼刺激，类别 1 ● 危害水生环境–急性危害，类别 1 ● 象形图： ● 警示词：危险
	危险货物分类 ● 联合国危险货物编号(UN 号)：1744 ● 联合国运输名称：溴或溴溶液 ● 联合国危险性类别：8, 6.1 ● 包装类别：I ● 包装标志：

危险性	**燃烧爆炸危险性** ● 本品不燃，可助燃 **健康危害** ● 职业接触限值：$PC\text{-}TWA$ 0.6mg/m^3；$PC\text{-}STEL$ 2mg/m^3 ● $LDLH$：3ppm ● 急性毒性：大鼠经口 LD_{50}：1700mg/kg；大鼠吸入 LC_{50}：2700mg/m^3 ● 可经呼吸道、消化道和皮肤吸收。有强刺激和腐蚀作用 ● 蒸气对黏膜有刺激作用，能引起流泪、咳嗽、头晕、头痛和鼻出血，浓度高时还会引起支气管炎、肺炎、肺水肿和窒息 ● 口服灼伤消化道 ● 液体可致眼和皮肤灼伤 **环境影响** ● 对水生生物有很强的毒性作用
理化特性及用途	**理化特性** ● 棕红色发烟液体，有恶臭。微溶于水 ● 熔点：-7.2℃ ● 沸点：58.8℃ ● 相对密度：3.12 **用途** ● 主要用于制取溴化物、药剂、染料及感光材料

个体防护	• 佩戴全防型滤毒罐 • 穿封闭式防化服
应急行动	**隔离与公共安全** 泄漏：污染范围不明的情况下，初始隔离至少300m，下风向疏散至少1000m。然后进行气体浓度检测，根据有害蒸气或烟雾的实际浓度，调整隔离、疏散距离 火灾：火场内如有储罐、槽车或罐车，隔离800m。考虑撤离隔离区内的人员、物资 • 疏散无关人员并划定警戒区 • 在上风、上坡或上游处停留，切勿进入低洼处 • 加强现场通风
	泄漏处理 • 消除所有点火源(泄漏区附近禁止吸烟，消除所有明火、火花或火焰) • 在确保安全的情况下，采用关阀、堵漏等措施，以切断泄漏源 • 未穿全身防护服时，禁止触及毁损容器或泄漏物 • 筑堤或挖沟槽收容泄漏物，防止进入水体、下水道、地下室或有限空间 • 用干砂土或其他不燃材料吸收泄漏物

应急行动	火灾扑救 灭火剂：不燃，根据着火原因选择适当灭火剂灭火 • 筑堤收容消防污水以备处理，不得随意排放 储罐、公路/铁路槽车火灾 • 尽可能远距离灭火或使用遥控水枪或水炮扑救 • 用大量水冷却容器，直至火灾扑灭 • 容器突然发出异常声音或发生异常现象，立即撤离 急救 • 皮肤接触：立即脱去污染的衣着，用大量流动清水冲洗 20~30min。就医 • 眼睛接触：立即提起眼睑，用大量流动清水或生理盐水彻底冲洗 10~15min。就医 • 吸入：迅速脱离现场至空气新鲜处。保持呼吸道通畅。如呼吸困难，给输氧。呼吸、心跳停止，立即进行心肺复苏术。就医 • 食入：用水漱口，给饮牛奶或蛋清。就医

84. 溴甲烷

别　名：甲基溴　CAS号：74-83-9

特别警示	★ 有毒，接触极高浓度可迅速死亡，皮肤接触其液体可致灼伤 ★ 易燃，与空气混合能形成爆炸性混合物 ★ 若不能切断泄漏气源，则不允许熄灭泄漏处的火焰
化学式	分子式　CH_3Br　结构式　$H-\overset{\displaystyle H}{\underset{\displaystyle H}{\vert}}-Br$
危险性	危险性类别 • 加压气体 • 急性毒性-经口，类别3* • 急性毒性-吸入，类别3* • 皮肤腐蚀/刺激，类别2 • 严重眼损伤/眼刺激，类别2 • 生殖细胞致突变性，类别2 • 特异性靶器官毒性-一次接触，类别3(呼吸道刺激) • 特异性靶器官毒性-反复接触，类别2* • 危害水生环境-急性危害，类别1 • 危害臭氧层，类别1 • 象形图： • 警示词：危险

危险性

危险货物分类

- 联合国危险货物编号（UN 号）：1062
- 联合国运输名称：甲基溴，含有不超过 2% 的三氯硝基甲烷
- 联合国危险性类别：2.3
- 包装类别：
- 包装标志：

燃烧爆炸危险性

- 易燃，与空气混合能形成爆炸性混合物，遇火花或高热能引起燃烧或爆炸放出有毒气体

健康危害

- 职业接触限值：$PC\text{-}TWA$ 2mg/m³（皮）
- $IDLH$：250ppm
- 急性毒性：大鼠经口 LD_{50}：214mg/kg；大鼠吸入 LC_{50}：302ppm（8h）
- 可经呼吸道、消化道和皮肤吸收。主要经呼吸道吸收
- 严重中毒时，可引起脑水肿、肺水肿、急性肾功能衰竭
- 接触极高浓度蒸气可迅速死亡
- 眼和皮肤接触其液体可致灼伤

环境影响

- 对水生生物有很强的毒性作用
- 在环境中比较稳定，是有害的空气污染物
- 臭氧消耗潜能值 ODP 为 0.65
- 在土壤中具有极强的迁移性

理化特性及用途	理化特性
	● 无色气体，有甜味。不溶于水。受热分解，释放出有毒烟气
	● 沸点：3.6℃
	● 气体相对密度：3.3
	● 爆炸极限：10.0%~16.0%
	用途
	● 用作植物保护用的杀虫剂、杀菌剂、谷物熏蒸剂、木材防腐剂、制冷剂、低沸点溶剂和有机合成的原料

个体防护	● 佩戴正压式空气呼吸器
	● 穿封闭式防化服

应急行动	隔离与公共安全
	泄漏：污染范围不明的情况下，初始隔离至少200m，下风向疏散至少1000m。然后进行气体浓度检测，根据有害气体的实际浓度，调整隔离、疏散距离
	火灾：火场内如有储罐、槽车或罐车，隔离800m。考虑撤离隔离区内的人员、物资
	● 疏散无关人员并划定警戒区
	● 在上风、上坡或上游处停留，切勿进入低洼处
	● 气体比空气重，可沿地面扩散，并在低洼处或有限空间(如下水道、地下室等)聚集
	● 进入密闭空间之前必须先通风

应急行动	泄漏处理 　● 消除所有点火源(泄漏区附近禁止吸烟，消除所有明火、火花或火焰) 　● 使用防爆的通信工具 　● 在确保安全的情况下，采用关阀、堵漏等措施，以切断泄漏源 　● 防止气体通过下水道、通风系统扩散或进入有限空间 　● 喷雾状水改变蒸气云流向 　● 隔离泄漏区直至气体散尽
	火灾扑救 　灭火剂：干粉、二氧化碳、雾状水、泡沫 　● 若不能切断泄漏气源，则不得扑灭正在燃烧的气体 　● 在确保安全的前提下，将容器移离火场 　● 毁损容器由专业人员处置 储罐火灾 　● 尽可能远距离灭火或使用遥控水枪或水炮扑救 　● 用大量水冷却容器，直至火灾扑灭 　● 容器突然发出异常声音或发生异常现象，立即撤离
	急救 　● 皮肤接触：立即脱去污染的衣着，用大量流动清水冲洗。就医 　● 眼睛接触：立即提起眼睑，用大量流动清水或生理盐水彻底冲洗 10~15min。就医 　● 吸入：迅速脱离现场至空气新鲜处。保持呼吸道通畅。如呼吸困难，给输氧。呼吸、心跳停止，立即进行心肺复苏术。就医

85. 盐酸

别　名：**氢氯酸**　CAS 号：**7647-01-0**

特别警示	★ 有腐蚀性
化学式	分子式　HCl　结构式　H—Cl
危险性	**危险性类别** • 皮肤腐蚀/刺激，类别 1B • 严重眼损伤/眼刺激，类别 1 • 特异性靶器官毒性-一次接触，类别 3(呼吸道刺激) • 危害水生环境-急性危害，类别 2 • 象形图： • 警示词：危险 **危险货物分类** • 联合国危险货物编号(UN 号)：1789 • 联合国运输名称：氢氯酸 • 联合国危险性类别：8 • 包装类别：Ⅱ • 包装标志：

<table>
<tr><td rowspan="4">危险性</td><td>

燃烧爆炸危险性

• 本品不燃，与活泼金属反应，生成氢气而引起燃烧或爆炸

</td></tr>
<tr><td>

健康危害

• 职业接触限值：*MAC* 7.5mg/m^3

• *IHLD*：50ppm

• 对皮肤和黏膜有强刺激性和腐蚀性

• 接触盐酸烟雾后迅速出现眼和上呼吸道刺激症状，可发生喉痉挛、水肿和化学性支气管炎、肺炎、肺水肿

• 眼和皮肤接触引起化学性灼伤

</td></tr>
<tr><td>

环境影响

• 进入水体后，使 pH 值急剧下降，对水生生物和底泥微生物是致命的

</td></tr>
<tr><td></td></tr>
<tr><td rowspan="2">理化特性及用途</td><td>

理化特性

• 无色或浅黄色透明液体，有刺鼻的酸味。工业品含氯化氢≥31%，在空气中发烟。与水混溶，与碱发生放热中和反应

• 沸点：108.58℃（20.22%）

• 相对密度：1.10（20%）；1.15（29.57%）；1.20（39.11%）

</td></tr>
<tr><td>

用途

• 重要的无机化工原料，广泛用于染料、医药、食品、印染、皮革、冶金等行业

</td></tr>
</table>

个体防护	<ul><li>佩戴全防型滤毒罐</li><li>穿封闭式防化服</li></ul>
应急行动	**隔离与公共安全** 　　泄漏：污染范围不明的情况下，初始隔离至少300m，下风向疏散至少1000m。然后进行气体浓度检测，根据有害蒸气或烟雾的实际浓度，调整隔离、疏散距离 　　火灾：火场内如有储罐、槽车或罐车，隔离800m。考虑撤离隔离区内的人员、物资 <ul><li>疏散无关人员并划定警戒区</li><li>在上风、上坡或上游处停留，切勿进入低洼处</li><li>加强现场通风</li></ul> **泄漏处理** <ul><li>未穿全身防护服时，禁止触及毁损容器或泄漏物</li><li>在确保安全的情况下，采用关阀、堵漏等措施，以切断泄漏源</li><li>筑堤或挖沟槽收容泄漏物，防止进入水体、下水道、地下室或有限空间</li><li>用雾状水稀释酸雾，但要注意收集、处理产生的废水</li><li>可以用石灰（CaO）、苏打灰（Na_2CO_3）或碳酸氢钠（$NaHCO_3$）中和泄漏物</li><li>如果储罐或槽车发生泄漏，可通过倒罐转移尚未泄漏的液体</li></ul>

<table>
<tr><td rowspan="1">应急行动</td><td>

水体泄漏

- 沿河两岸进行警戒，严禁取水、用水、捕捞等一切活动
- 在下游筑坝拦截污染水，同时在上游开渠引流，让清洁水绕过污染带
- 监测水体中污染物的浓度
- 可洒入石灰（CaO）、苏打灰（Na_2CO_3）或碳酸氢钠（$NaHCO_3$）中和污染物

火灾扑救

灭火剂：本品不燃，根据着火原因选择适当灭火剂灭火

- 在确保安全的前提下，将容器移离火场

储罐火灾

- 用大量水冷却容器，直至火灾扑灭
- 切勿在储罐两端停留

急救

- 皮肤接触：立即脱去污染的衣着，用大量流动清水冲洗 20~30min。就医
- 眼睛接触：立即提起眼睑，用大量流动清水或生理盐水彻底冲洗 10~15min，就医
- 吸入：迅速脱离现场至空气新鲜处。保持呼吸道通畅。如呼吸困难，给输氧。呼吸、心跳停止，立即进行心肺复苏术。就医
- 食入：用水漱口，给饮牛奶或蛋清。就医

</td></tr>
</table>

86. 氧氯化磷

别　名：磷酰氯；三氯化磷酰；三氯氧磷；三氯氧化磷；磷酰三氯　CAS 号：**10025-87-3**

特别警示	★ 有腐蚀性 ★ 遇水剧烈反应，可引起燃烧或爆炸
化学式	分子式　POCl₃　结构式　$Cl-\overset{\overset{\displaystyle O}{\|\|}}{\underset{\underset{\displaystyle Cl}{\|}}{P}}-Cl$
危险性	危险性类别 ● 急性毒性–吸入，类别 2 * ● 皮肤腐蚀/刺激，类别 1A ● 严重眼损伤/眼刺激，类别 1 ● 特异性靶器官毒性–反复接触，类别 1 ● 象形图： ● 警示词：危险 危险货物分类 ● 联合国危险货物编号（UN 号）：1810 ● 联合国运输名称：三氯氧化磷（磷酰氯） ● 联合国危险性类别：6.1，8 ● 包装类别：Ⅰ ● 包装标志：

危险性	**燃烧爆炸危险性** • 本品不燃 **健康危害** • 职业接触限值：$PC-TWA$ 0.3mg/m³；$PC-STEL$ 0.6mg/m³ • 急性毒性：大鼠经口 LD_{50}：36mg/kg；大鼠吸入 LC_{50}：200.3mg/m³(4h) • 短期内吸入大量蒸气，可引起上呼吸道刺激症状、咽喉炎、支气管炎；严重者可发生喉头水肿窒息、肺炎、肺水肿、心力衰竭 • 口服引起消化道灼伤。眼和皮肤接触引起灼伤 **环境影响** • 易水解，生成磷酸和氯化氢，对水生生物有害
理化特性及用途	**理化特性** • 无色澄清液体，常因溶有氯气或五氯化磷而呈红黄色。暴露于潮湿空气或遇水，迅速水解放出有毒烟气（氯化氢、膦）和大量的热量。与强氧化剂、醇、碱发生剧烈反应 • 熔点：1.25℃ • 沸点：105.8℃ • 相对密度：1.675 **用途** • 用于制取磷酸酯、塑料增塑剂、有机磷农药、长效磺胺药物等。还可用作染料中间体、有机合成的氯化剂和催化剂

个体防护	• 佩戴全防型滤毒罐 • 穿封闭式防化服
应急行动	**隔离与公共安全** 　泄漏：污染范围不明的情况下，初始隔离至少300m，下风向疏散至少1000m。然后进行气体浓度检测，根据有害蒸气或烟雾的实际浓度，调整隔离、疏散距离 　火灾：火场内如有储罐、槽车或罐车，隔离800m。考虑撤离隔离区内的人员、物资 • 疏散无关人员并划定警戒区 • 在上风、上坡或上游处停留，切勿进入低洼处 • 进入密闭空间之前必须先通风 **泄漏处理** • 未穿全身防护服时，禁止触及毁损容器或泄漏物 • 在确保安全的情况下，采用关阀、堵漏等措施，以切断泄漏源 • 构筑围堤或挖沟槽收容泄漏物，防止进入水体、下水道、地下室或有限空间 • 喷雾状水溶解、稀释烟雾，禁止将水直接喷向泄漏区或容器内 • 用砂土或其他不燃材料吸收泄漏物 • 如果储罐或槽车发生泄漏，可通过倒罐转移尚未泄漏的液体

应
急
行
动

火灾扑救

灭火剂：干粉、干燥砂土

- 在确保安全的前提下，将容器移离火场
- 尽可能远距离灭火或使用遥控水枪或水炮扑救
- 用大量水冷却容器，直至火灾扑灭
- 容器突然发出异常声音或发生异常现象，立即撤离

急救

- 皮肤接触：立即脱去污染的衣着，用大量流动清水冲洗 20~30min。就医
- 眼睛接触：立即提起眼睑，用大量流动清水或生理盐水彻底冲洗 10~15min。就医
- 吸入：迅速脱离现场至空气新鲜处。保持呼吸道通畅。如呼吸困难，给输氧。呼吸、心跳停止，立即进行心肺复苏术。就医
- 食入：用水漱口，无腐蚀症状者洗胃。忌服油类。就医

87. 氧气

别　名：氧　CAS 号：7782-44-7

特别警示	★ 常压下，当氧的浓度超过 40% 时，有可能发生氧中毒，严重者可导致死亡 ★ 富氧环境下，可导致难燃烧物质发生剧烈燃烧
化学式	分子式　O_2　　结构式　$O{=}O$
危险性	**危险性类别** • 氧化性气体，类别 1 • 加压气体 • 象形图： • 警示词：危险 **危险货物分类** （1）联合国危险货物编号（UN 号）：1072 • 联合国运输名称：压缩氧 • 联合国危险性类别：2.2，5.1 • 包装类别： • 包装标志：

	（2）联合国危险货物编号（UN 号）：1073
	● 联合国运输名称：冷冻液态氧
	● 联合国危险性类别：2.2，5.1
	● 包装类别：
危险性	● 包装标志：
	燃烧爆炸危险性
	● 本品不燃，能助燃
	● 与易燃物气体、可燃液体蒸气、可燃粉尘能形成爆炸性混合物，遇火源能导致燃烧爆炸事故
	健康危害
	● 常压下，当氧的浓度超过 40% 时，有可能发生氧中毒，表现为类似支气管肺炎的肺型氧中毒；间歇性癫痫大发作的脑型氧中毒；视网膜萎缩和失明的眼型氧中毒
	环境影响
	● 对环境无害
理化特性及用途	**理化特性**
	● 常温常压下为无色、无味、无臭的气体。能被液化和固化，液态氧呈天蓝色，固态氧是蓝色晶体。微溶于水。液氧接触油品、油脂等有机易燃物易发生爆炸
	● 气体相对密度：1.105
	用途
	● 主要用于冶金、化工、国防工业
	● 用于切割、焊接金属。石油化工生产中用于烃类的氧化，制造环氧乙烷、乙二醇等。医疗上用于氧气疗法，以纠正缺氧。液态氧可制液氧炸药

个体防护	• 一般不需特殊防护，避免在高浓度氧环境下作业 • 处理液化气体时，应穿防寒服
应急行动	**隔离与公共安全** 　泄漏：污染范围不明的情况下，初始隔离至少100m，下风向疏散至少800m。然后进行气体浓度检测，根据有害气体的实际浓度，调整隔离、疏散距离 　火灾：火场内如有储罐、槽车或罐车，隔离800m。考虑撤离隔离区内的人员、物资 • 疏散无关人员并划定警戒区 • 在上风、上坡或上游处停留 **泄漏处理** • 远离易燃(可燃)物 • 在确保安全的情况下，采用关阀、堵漏等措施，以切断泄漏源 • 防止气体通过通风系统扩散或进入有限空间 • 喷雾状水驱散漏出气，使其尽快扩散 • 漏出气允许排入大气中 • 隔离泄漏区直至气体散尽 **火灾扑救** 　注意：灭火前首先切断气源 　灭火剂：干粉、二氧化碳、雾状水、泡沫 • 在确保安全的前提下，将容器移离火场 • 用大量水冷却容器，直至火灾扑灭 • 钢瓶突然发出异常声音或发生异常现象，立即撤离 • 毁损钢瓶由专业人员处置 **急救** • 吸入：迅速脱离现场至空气新鲜处。保持呼吸道通畅。呼吸、心跳停止，立即进行心肺复苏术。就医

88. 液化石油气

CAS 号: 68476-85-7

特别警示	★ 极易燃 ★ 若不能切断泄漏气源，则不允许熄灭泄漏处的火焰
危险性	**危险性类别** • 易燃气体，类别1 • 加压气体 • 生殖细胞致突变性，类别1B • 象形图:  • 警示词: 危险
	危险货物分类 • 联合国危险货物编号(UN号): 1075 • 联合国运输名称: 液化石油气 • 联合国危险性类别: 2.1 • 包装类别: • 包装标志:
	燃烧爆炸危险性 • 极易燃，蒸气与空气可形成爆炸性混合物，遇明火、高热极易燃烧爆炸 • 蒸气比空气重，能在较低处扩散到相当远的地方，遇火源会着火回燃 • 在火场中，受热的容器有爆炸危险

	健康危害
危险性	• 职业接触限值：$PC-TWA$ 1000mg/m³；$PC-STEL$ 1500mg/m³ • $IDLH$：2000ppm[LEL] • 急性毒性：大鼠吸入 LC_{50}：65800mg/m³（4h）（丁烷） • 吸入有毒，有麻醉作用 • 急性液化气轻度中毒主要表现为头昏、头痛、咳嗽、食欲减退、乏力、失眠等；重者失去知觉，小便失禁、呼吸变浅变慢 • 液化石油气发生泄漏时会吸收大量的热量造成低温，引起皮肤冻伤
	环境影响 • 是空气污染物质
理化特性及用途	理化特性 • 常温下加压而液化的石油气，主要组分为丙烷、丙烯、丁烷、丁烯，并含有少量戊烷、戊烯和微量硫化氢杂质，不溶于水 • 气体相对密度：1.5~2.0 • 爆炸极限：5%~33%
	用途 • 用作民用燃料、发动机燃料、加热炉燃料以及打火机的气体燃料，亦用作乙烯或制氢原料、化工原料

个体防护	• 泄漏状态下佩戴正压式空气呼吸器，火灾时可佩戴简易滤毒罐 • 穿简易防化服 • 戴防化手套 • 处理液化气体时，应穿防寒服
应急行动	**隔离与公共安全** 　泄漏：污染范围不明的情况下，初始隔离至少100m，下风向疏散至少800m。发生大规模泄漏时，初始隔离至少500m，下风向疏散至少1500m。然后进行气体浓度检测，根据有害气体的实际浓度，调整隔离、疏散距离 　火灾：火场内如有储罐、槽车或罐车，隔离1600m。考虑撤离隔离区内的人员、物资 • 疏散无关人员并划定警戒区 • 在上风、上坡或上游处停留，切勿进入低洼处 • 气体比空气重，可沿地面扩散，并在低洼处或限制性空间（如下水道、地下室等）聚集
	泄漏处理 • 泄漏后迅速汽化，周边将降温，并结冰成霜 • 消除所有点火源（泄漏区附近禁止吸烟、消除所有明火、火花或火焰） • 使用防爆的通信工具 • 作业时所有设备应接地 • 在确保安全的情况下，采用关阀、堵漏等措施，以切断泄漏源 • 用雾状水驱散、稀释沉积漂浮的气体，禁止使用直流水，以免强水流冲击产生静电 • 防止气体通过下水道、通风系统扩散或进入有限空间

	• 如果储罐底部发生泄漏，可通过排污阀向罐内适量注水，抬高液位，造成罐内底部水垫层
	• 如果泄漏无法控制，可考虑点燃，保持其稳定燃烧
	• 隔离泄漏区直至气体散尽
应急行动	**火灾扑救** 　灭火剂：干粉、二氧化碳、泡沫 　• 若不能切断泄漏气源，则不允许熄灭泄漏处的火焰 　• 用大量水冷却容器，直至火灾扑灭 　• 在确保安全的前提下，将容器移离火场 **储罐火灾** 　• 尽可能远距离灭火或使用遥控水枪或水炮扑救 　• 用大量水冷却着火罐和邻近储罐，直至火灾扑灭 　• 处在火场中的储罐若发生异常变化或发出异常声音，须马上撤离
	急救 　• 皮肤接触：如果发生冻伤，将患部浸泡于保持在 $38\sim42\,℃$ 的温水中复温。不要涂擦。不要使用热水或辐射热。使用清洁、干燥的敷料包扎。就医 　• 吸入：迅速脱离现场至空气新鲜处。保持呼吸道通畅。如呼吸困难，给输氧。呼吸、心跳停止，立即进行心肺复苏术。就医

89. 液氯

别 名：氯气；氯　CAS 号：7782-50-5

特别警示	★ 剧毒，吸入高浓度可致死 ★ 气体比空气重，可沿地面扩散，聚集在低洼处 ★ 包装容器受热有爆炸的危险
化学式	分子式　Cl_2　结构式　$Cl\diagup Cl$
危险性	**危险性类别** • 加压气体 • 急性毒性-吸入，类别2 • 皮肤腐蚀/刺激，类别2 • 严重眼损伤/眼刺激，类别2 • 特异性靶器官毒性-一次接触，类别3(呼吸道刺激) • 危害水生环境-急性危害，类别1 • 象形图： • 警示词：危险 **危险货物分类** • 联合国危险货物编号(UN号)：1017 • 联合国运输名称：氯 • 联合国危险性类别：2.3，5.1/8 • 包装类别： • 包装标志：

危险性	**燃烧爆炸危险性** • 本品不燃。可助燃 **健康危害** • 职业接触限值：MAC 1mg/m³ • 急性毒性：大鼠吸入 LC_{50}：850mg/m³（1h） • $IDLH$：10ppm • 剧毒化学品。具有强烈刺激性 • 经呼吸道吸入，引起气管–支气管炎、肺炎或肺水肿 • 吸入极高浓度氯气，可引起喉头痉挛窒息而死亡；也可引起迷走神经反射性心跳骤停，出现"电击样"死亡 • 可引起急性结膜炎，高浓度氯气或液氯可引起眼灼伤 • 液氯或高浓度氯气可引起皮肤暴露部位急性皮炎或灼伤 **环境影响** • 对水生生物有很强的毒性作用 • 对动植物危害很大，是有害的空气污染物
理化特性及用途	**理化特性** • 常温常压下为黄绿色、有刺激性气味的气体。常温下、709kPa 以上压力时为液体，液氯为金黄色。微溶于水，生成次氯酸和盐酸 • 气体相对密度：2.5 **用途** • 主要用于生产塑料、合成纤维、染料、农药、消毒剂、漂白剂及各种氯化物

个体防护	• 佩戴正压式空气呼吸器 • 穿内置式重型防化服 • 处理液化气体时，应穿防寒服
应急行动	**隔离与公共安全** 　泄漏：污染范围不明的情况下，初始隔离至少500m，下风向疏散至少1500m。然后进行气体浓度检测，根据有害气体的实际浓度，调整隔离、疏散距离 　火灾：火场内如有储罐、槽车或罐车，隔离800m。考虑撤离隔离区内的人员、物资 • 疏散无关人员并划定警戒区 • 在上风、上坡或上游处停留，切勿进入低洼处 • 气体比空气重，可沿地面扩散，并在低洼处或有限空间(如下水道、地下室等)聚集 • 进入密闭空间之前必须先通风 **泄漏处理** • 在确保安全的情况下，采用关阀、堵漏等措施，以切断泄漏源 • 储罐或槽车发生泄漏，通过倒罐转移尚未泄漏的液体 • 钢瓶泄漏，应转动钢瓶，使泄漏部位位于氯的气态空间，若无法修复，可将钢瓶浸入碱液池中 • 喷雾状水吸收溢出的气体，注意收集产生的废水

	• 高浓度泄漏区，喷氢氧化钠等稀碱液中和
	• 远离易燃、可燃物(如木材、纸张、油品等)
	• 防止气体通过下水道、通风系统扩散或进入有限空间
	• 隔离泄漏区直至气体散尽
	• 泄漏场所保持通风
应急行动	**火灾扑救**
	灭火剂：不燃，根据着火原因选择适当灭火剂灭火
	• 用大量水冷却容器，直至火灾扑灭
	• 在确保安全的前提下，将容器移离火场
	• 钢瓶突然发出异常声音或发生异常现象，立即撤离
	• 毁损容器由专业人员处置
	急救
	• 皮肤接触：立即脱去污染的衣着，用大量流动清水冲洗。就医
	• 眼睛接触：提起眼睑，用流动清水或生理盐水冲洗。就医
	• 吸入：迅速脱离现场至空气新鲜处。如呼吸困难，给输氧。呼吸、心跳停止，立即进行心肺复苏术，就医

90. 一甲胺

别　名：甲胺；氨基甲烷　CAS 号：74-89-5

特别警示	★ 有强烈刺激性和腐蚀性，可致严重灼伤甚至死亡 ★ 极易燃 ★ 若不能切断泄漏气源，则不允许熄灭泄漏处的火焰
化学式	分子式　CH$_5$N　结构式　$H-\overset{H}{\underset{H}{N}}-\overset{H}{\underset{H}{H}}$
危险性	**危险性类别** • 易燃气体，类别 1 • 加压气体 • 皮肤腐蚀/刺激，类别 2 • 严重眼损伤/眼刺激，类别 1 • 特异性靶器官毒性–一次接触，类别 3(呼吸道刺激) • 象形图： • 警示词：危险
	危险货物分类 • 联合国危险货物编号(UN 号)：1061 • 联合国运输名称：无水甲胺 • 联合国危险性类别：2.1 • 包装类别： • 包装标志：

	燃烧爆炸危险性
	● 极易燃，蒸气与空气可形成爆炸性混合物，遇明火、高热极易燃烧爆炸
	● 燃烧时产生含氮氧化物的有毒烟雾
	● 蒸气比空气重，能在较低处扩散到相当远的地方，遇火源会着火回燃
	● 在火场中，受热的容器有爆炸危险
危险性	健康危害
	● 职业接触限值 $PC-TWA$ 5mg/m³；$PC-STEL$ 10mg/m³
	● $IHLD$：100ppm
	● 急性毒性：小鼠吸入 LC_{50}：2400mg/m³（2h）
	● 具有强烈刺激性和腐蚀性
	● 吸入急性中毒引起支气管炎、肺炎和肺水肿，可引起喉头水肿、支气管黏膜脱落，甚至窒息
	● 可致眼、呼吸道和皮肤灼伤
	环境影响
	● 在土壤中具有中等强度的迁移性
	● 易被生物降解
理化特性及用途	理化特性
	● 无色气体，有氨的气味。易溶于水。与酸发生放热中和反应
	● 沸点：-6.8℃
	● 气体相对密度：1.08
	● 爆炸极限：5%~21%
	用途
	● 用作医药、农药、炸药、橡胶加工助剂、照相化学品等的原料。也用作溶剂

个体防护	• 佩戴正压式空气呼吸器 • 穿内置式重型防化服
应急行动	**隔离与公共安全** 泄漏：污染范围不明的情况下，初始隔离至少500m，下风向疏散至少1500m。然后进行气体浓度检测，根据有害气体的实际浓度，调整隔离、疏散距离 火灾：火场内如有储罐、槽车或罐车，隔离1600m。考虑撤离隔离区内的人员、物资 • 疏散无关人员并划定警戒区 • 在上风、上坡或上游处停留 • 进入密闭空间之前必须先通风 **泄漏处理** • 消除所有点火源(泄漏区附近禁止吸烟，消除所有明火、火花或火焰) • 使用防爆的通信工具 • 作业时所有设备应接地 • 在确保安全的情况下，采用关阀、堵漏等措施，以切断泄漏源 • 防止气体通过下水道、通风系统扩散或进入有限空间 • 喷雾状水溶解、稀释沉积飘浮的气体，禁止使用直流水，以免强水流冲击产生静电 • 用雾状水、蒸汽、惰性气体清扫现场内事故罐、管道以及低洼、沟渠等处，确保不留残气

<table>
<tr>
<td rowspan="20">应急行动</td>
<td>

溶液泄漏

- 筑堤或挖沟槽收容泄漏物，防止进入水体、下水道、地下室或有限空间
- 用抗溶性泡沫覆盖，抑制蒸气产生
- 可用硫酸氢钠（$NaHSO_4$）中和液体泄漏物

水体泄漏

- 沿河两岸进行警戒，严禁取水、用水、捕捞等一切活动
- 在下游筑坝拦截污染水，同时在上游开渠引流，让清洁水改走新河道
- 加入硫酸氢钠（$NaHSO_4$）中和污染物

</td>
</tr>
<tr>
<td>

火灾扑救

灭火剂：干粉、二氧化碳、雾状水、抗溶性泡沫

- 若不能切断泄漏气源，则不允许熄灭泄漏处的火焰
- 在确保安全的前提下，将容器移离火场
- 毁损容器由专业人员处置

储罐火灾

- 尽可能远距离灭火或使用遥控水枪或水炮扑救
- 用大量水冷却容器，直至火灾扑灭
- 容器突然发生异常变化或发出异常现象，须立即撤离

</td>
</tr>
<tr>
<td>

急救

- 皮肤接触：立即脱去污染的衣着，用大量流动清水冲洗。就医
- 眼睛接触：立即提起眼睑，用大量流动清水或生理盐水彻底冲洗 10~15min。就医
- 吸入：迅速脱离现场至空气新鲜处。保持呼吸道畅通。如呼吸困难，给输氧。呼吸、心跳停止，立即进行心肺复苏术。就医

</td>
</tr>
</table>

91. 一氧化碳

CAS 号：630-08-0

特别警示	★ 有毒，吸入可因人体缺氧而致死 ★ 若不能切断泄漏气源，则不允许熄灭泄漏处的火焰
化学式	分子式　CO　　结构式　O≡C*
危险性	**危险性类别** • 易燃气体，类别 1 • 加压气体 • 急性毒性-吸入，类别 3* • 生殖毒性，类别 1A • 特异性靶器官毒性-反复接触，类别 1 • 象形图： • 警示词：危险 **危险货物分类** • 联合国危险货物编号（UN 号）：1016 • 联合国运输名称：压缩一氧化碳 • 联合国危险性类别：2.3，2.1 • 包装类别： • 包装标志：

危险性	**燃烧爆炸危险性** ● 易燃，在空气中燃烧时火焰为蓝色 ● 与空气混合能形成爆炸性混合物，遇明火或高热能引起燃烧爆炸
	健康危害 ● 职业接触限值：$PC-TWA$ 20mg/m³（非高原）；$PC-STEL$ 30mg/m³（非高原）；MAC 20mg/m³（高原，海拔2000m~）；MAC 15mg/m³（高原，海拔>3000m） ● $IDLH$：1200ppm ● 急性毒性：大鼠吸入 LC_{50}：1807ppm（4h）；小鼠吸入 LC_{50}：2444ppm（4h） ● 经呼吸道侵入体内，与血红蛋白结合生成碳氧血红蛋白，使血液携氧能力明显降低，造成组织缺氧 ● 急性中毒出现剧烈头痛、头晕、耳鸣、心悸、恶心、呕吐、无力、意识障碍，重者出现深昏迷、脑水肿、肺水肿和心肌损害。血液碳氧血红蛋白浓度升高
	环境影响 ● 在很低的浓度就能对水生生物造成危害 ● 是有害的空气污染物
理化特性及用途	**理化特性** ● 无色、无味、无臭气体。微溶于水 ● 气体相对密度：0.97 ● 爆炸极限：12%~74%
	用途 ● 是合成气（CO、H_2）、煤气的主要成分和基本有机化工的重要原料。用于制甲醇、醋酸、DMF、碳酸二甲酯、草酸、甲酸光气、金属羰基化合物等。也用作精炼金属的还原剂

个体防护	<ul><li>佩戴正压式空气呼吸器</li><li>穿简易防化服</li></ul>
应急行动	**隔离与公共安全** 　泄漏：污染范围不明的情况下，初始隔离至少200m，下风向疏散至少1000m。然后进行气体浓度检测，根据有害气体的实际浓度，调整隔离、疏散距离 　火灾：火场内如有储罐、槽车或罐车，隔离1600m。考虑撤离隔离区内的人员、物资<ul><li>疏散无关人员并划定警戒区</li><li>在上风、上坡或上游处停留</li><li>进入密闭空间之前必须先通风</li></ul> **泄漏处理**<ul><li>消除所有点火源(泄漏区附近禁止吸烟，消除所有明火、火花或火焰)</li><li>使用防爆的通信工具</li><li>作业时所有设备应接地</li><li>在确保安全的情况下，采用关阀、堵漏等措施，以切断泄漏源</li><li>防止气体通过通风系统扩散或进入有限空间</li><li>喷雾状水改变蒸气云流向</li><li>隔离泄漏区直至气体散尽</li></ul> **火灾扑救** 灭火剂：干粉、二氧化碳、雾状水、泡沫<ul><li>若不能切断泄漏气源，则不允许熄灭泄漏处的火焰</li><li>用大量水冷却临近设备或着火容器，直至火灾扑灭</li><li>毁损容器由专业人员处置</li></ul> **急救**<ul><li>吸入：迅速脱离现场至空气新鲜处。保持呼吸道通畅。如呼吸困难，给输氧。呼吸、心跳停止，立即进行心肺复苏术。就医。高压氧治疗</li></ul>

92. 乙醇

别　名：酒精　CAS 号：64-17-5

<table>
<tr><td>特别警示</td><td>★ 酒精饮料中的乙醇是确认人类致癌物
★ 高度易燃，其蒸气与空气混合能形成爆炸性混合物</td></tr>
<tr><td>化学式</td><td>分子式　C_2H_6O　结构式　</td></tr>
<tr><td rowspan="2">危险性</td><td>危险性类别
● 易燃液体，类别 2

● 象形图：

● 警示词：危险</td></tr>
<tr><td>危险货物分类
● 联合国危险货物编号（UN 号）：1170
● 联合国运输名称：乙醇（酒精）或乙醇溶液（酒精溶液）
● 联合国危险性类别：3
● 包装类别：Ⅱ 或 Ⅲ

● 包装标志：</td></tr>
</table>

危险性	**燃烧爆炸危险性** • 易燃，蒸气与空气可形成爆炸性混合物，遇明火、高热能引起燃烧爆炸 • 蒸气比空气重，能在较低处扩散到相当远的地方，遇火源会着火回燃 • 在火场中，受热的容器有爆炸危险
	健康危害 • 急性毒性：大鼠经口 LD_{50}：7060mg/kg；兔经皮 LD_{50}：7430mg/kg；大鼠吸入 LC_{50}：20000ppm（10h） • $IDLH$：3300ppm［LEL］ • 经消化道和呼吸道吸收。作用于中枢神经系统 • 急性中毒主要见于过量饮酒者，重度中毒可出现昏迷、呼吸衰竭，并可因呼吸麻痹或循环衰竭而死亡 • 吸入高浓度蒸气出现酒醉感、头昏、乏力、兴奋和轻度眼、上呼吸道黏膜刺激症状
	环境影响 • 水体中浓度较高时，可能对水生生物有害 • 易被生物降解
理化特性及用途	**理化特性** • 无色透明液体，有酒香和刺激性辛辣味。与水混溶 • 沸点：78.3℃ • 相对密度：0.789 • 闪点：13℃ • 爆炸极限：3.3%~19.0%
	用途 • 是重要的化工原料，广泛用于有机合成、医药、农药等行业。也是重要的溶剂和杀菌、消毒剂。也可作为乙醇汽油组分或添加剂

个体防护	• 佩戴简易滤毒罐 • 穿简易防化服 • 戴防化手套 • 穿防化安全靴
应急行动	**隔离与公共安全** 　泄漏：污染范围不明的情况下，初始隔离至少100m，下风向疏散至少500m。发生大规模泄漏时，初始隔离至少500m，下风向疏散至少1000m。然后进行气体浓度检测，根据有害蒸气的实际浓度，调整隔离、疏散距离 　火灾：火场内如有储罐、槽车或罐车，隔离800m。考虑撤离隔离区内的人员、物资 • 疏散无关人员并划定警戒区 • 在上风、上坡或上游处停留，切勿进入低洼处 • 进入密闭空间之前必须先通风 **泄漏处理** • 消除所有点火源(泄漏区附近禁止吸烟，消除所有明火、火花或火焰) • 使用防爆的通信工具 • 在确保安全的情况下，采用关阀、堵漏等措施，以切断泄漏源 • 作业时所有设备应接地 • 构筑围堤或挖沟槽收容泄漏物，防止进入水体、下水道、地下室或有限空间 • 用抗溶性泡沫覆盖泄漏物，减少挥发 • 用雾状水溶解稀释挥发的蒸气 • 用砂土或其他不燃材料吸收泄漏物 • 如果储罐发生泄漏，可通过倒罐转移尚未泄漏的液体

火灾扑救

　灭火剂：干粉、二氧化碳、雾状水、抗溶性泡沫

- 在确保安全的前提下，将容器移离火场

储罐、公路/铁路槽车火灾

- 尽可能远距离灭火或使用遥控水枪或水炮灭火
- 用大量水冷却容器，直至火灾扑灭
- 容器突然发出异常声音或发生异常现象，立即撤离
- 切勿在储罐两端停留

应急行动

急救

- 皮肤接触：脱去污染的衣着，用清水彻底冲洗皮肤
- 眼睛接触：提起眼睑，用流动清水或生理盐水冲洗
- 吸入：迅速脱离现场至空气新鲜处。就医
- 食入：饮足量温水，催吐。就医

93. 乙腈

别　名：甲基氰　CAS 号：75-05-8

特别警示	★ 易燃，其蒸气与空气混合能形成爆炸性混合物 ★ 解毒剂：亚硝酸异戊酯、亚硝酸钠、硫代硫酸钠、4-DMAP（4-二甲基氨基苯酚）
化学式	分子式　C_2H_3N　结构式　$CH_3—C≡N$
危险性	**危险性类别** • 易燃液体，类别 2 • 严重眼损伤/眼刺激，类别 2 • 象形图：  • 警示词：危险
	危险货物分类 • 联合国危险货物编号（UN 号）：1648 • 联合国运输名称：乙腈 • 联合国危险性类别：3 • 包装类别：II • 包装标志：

<table>
<tr><td rowspan="3">危险性</td><td>

燃烧爆炸危险性

- 易燃，蒸气与空气可形成爆炸性混合物，遇明火、高热或与氧化剂接触，有燃烧爆炸危险
- 蒸气比空气重，能在较低处扩散到相当远的地方，遇火源会着火回燃

</td></tr>
<tr><td>

健康危害

- 职业接触限值：*PC-TWA* 30mg/m³（皮）
- *IDLH*：500ppm
- 急性毒性：大鼠经口 *LD*₅₀：175mg/kg；兔经皮 *LD*₅₀：980mg/kg；大鼠吸入 *LC*₅₀：7551 ppm（8h）
- 可经呼吸道、消化道和皮肤吸收
- 急性中毒出现头痛、乏力、恶心、呕吐、腹痛、腹泻、胸闷，严重时呼吸浅慢、血压下降、抽搐、昏迷。可致肾损害

</td></tr>
<tr><td>

环境影响

- 水体中浓度较高时，对水生生物有害
- 在土壤中具有极强的迁移性
- 易挥发，在空气中很稳定，是有害的空气污染物
- 在有氧状态下，可以被缓慢的生物降解；在无氧状态下，很难被生物降解

</td></tr>
<tr><td rowspan="2">理化特性及用途</td><td>

理化特性

- 无色透明液体，有醚样气味。与水混溶。与水发生水解反应，尤其是酸或碱存在下，能大大加快水解反应的速度
- 沸点：81.1℃
- 相对密度：0.79
- 闪点：2℃
- 爆炸极限：3.0%~16.0%

</td></tr>
<tr><td>

用途

- 主要用作溶剂，用于抽提脂肪酸和丁二烯、合成纤维纺丝和涂料中。也是重要的化工原料，广泛用于医药、香料、农药等工业

</td></tr>
</table>

个体防护	<ul><li>佩戴全防型滤毒罐</li><li>穿封闭式防化服</li></ul>
应急行动	**隔离与公共安全** 　泄漏：污染范围不明的情况下，初始隔离至少50m，下风向疏散至少300m。发生大量泄漏时，初始隔离至少500m，下风向疏散至少1000m。然后进行气体浓度检测，根据有害蒸气的实际浓度，调整隔离、疏散距离 　火灾：火场内如有储罐、槽车或罐车，隔离800m。考虑撤离隔离区内的人员、物资<ul><li>疏散无关人员并划定警戒区</li><li>在上风、上坡或上游处停留，切勿进入低洼处</li><li>进入密闭空间之前必须先通风</li></ul>**泄漏处理**<ul><li>消除所有点火源(泄漏区附近禁止吸烟，消除所有明火、火花或火焰)</li><li>使用防爆的通信工具</li><li>作业时所有设备应接地</li><li>在确保安全的情况下，采用关阀、堵漏等措施，以切断泄漏源</li><li>防止气体通过下水道、通风系统扩散或进入有限空间</li><li>喷雾状水改变蒸气云流向，禁止用水直接冲击泄漏物或泄漏源</li><li>隔离泄漏区直至气体散尽</li></ul>**火灾扑救** 　灭火剂：干粉、二氧化碳、雾状水、抗溶性泡沫<ul><li>在确保安全的前提下，将容器移离火场</li><li>筑堤收容消防污水以备处理，不得随意排放</li></ul>

储罐、公路/铁路槽车火灾

- 尽可能远距离灭火或使用遥控水枪或水炮扑救
- 用大量水冷却容器，直至火灾扑灭
- 容器突然发出异常声音或发生异常现象，立即撤离
- 切勿在储罐两端停留

急救

- 皮肤接触：立即脱去污染的衣着，用流动清水或5%硫代硫酸钠溶液彻底冲洗。就医
- 眼睛接触：立即提起眼睑，用大量流动清水或生理盐水彻底冲洗10~15min。就医
- 吸入：迅速脱离现场至空气新鲜处。保持呼吸道通畅。如呼吸困难，给输氧。呼吸、心跳停止，立即进行人工呼吸(勿用口对口)和胸外心脏按压术。就医
- 食入：如患者神志清醒，催吐，洗胃。就医
- 解毒剂：

(1)"亚硝酸钠-硫代硫酸钠"方案

① 立即将亚硝酸异戊酯1~2支包在手帕内打碎，紧贴在患者口鼻前吸入、同时施人工呼吸，可立即缓解症状。每1~2min令患者吸入1支，直到开始使用亚硝酸钠时为止

② 缓慢静脉注射3%亚硝酸钠10~15mL，速度为2.5~5.0 mL/min，注射时注意血压，如有明显下降，可给予升压药物

③ 用同一针头缓慢静脉注射硫代硫酸钠12.5~25g(配成25%的溶液)。若中毒征象重新出现，可按半量再给亚硝酸钠和硫代硫酸钠。轻症者，单用硫代硫酸钠即可

(2) 新抗氰药物4-DMAP 方案

轻度中毒：口服4-DMAP(4-二甲基氨基苯酚)1片(180mg)和PAPP(氨基苯丙酮)1片(90mg)

中度中毒：立即肌内注射抗氰急救针1支(10% 4-DMAP 2mL)

重度中毒：立即肌内注射抗氰急救针1支，然后静脉注射50%硫代硫酸钠20mL。如症状缓解较慢或有反复，可在1h后重复半量

(应急行动)

94. 乙醚

别　名：二乙醚　CAS 号：60-29-7

特别警示	★ 极易燃，其蒸气与空气混合，能形成爆炸性混合物 ★ 注意：闪点很低，用水灭火无效 ★ 不得使用直流水扑救
化学式	分子式　$C_4H_{10}O$　　结构式
危险性	危险性类别 • 易燃液体，类别 1 • 特异性靶器官毒性——次接触，类别 3（麻醉效应） • 象形图： • 警示词：危险 危险货物分类 • 联合国危险货物编号（UN 号）：1155 • 联合国运输名称：二乙醚（乙醚） • 联合国危险性类别：3 • 包装类别：I • 包装标志：

燃烧爆炸危险性

- 极易燃，蒸气与空气可形成爆炸性混合物，遇明火、高热极易燃烧爆炸
- 蒸气比空气重，能在较低处扩散到相当远的地方，遇明火会着火回燃
- 在空气中久置后能生成有爆炸性的有机过氧化物

健康危害

- 职业接触限值：$PC-TWA$ 300mg/m^3；$PC-STEL$ 500mg/m^3
- $IDLH$：1900ppm[LEL]
- 急性毒性：大鼠经口 LD_{50}：1215 mg/kg；兔经皮 LD_{50}：14200 mg/kg；大鼠吸入 LC_{50}：221190mg/m^3（2h）
- 主要经呼吸道吸收
- 对中枢神经系统有麻醉作用，对皮肤、黏膜和眼有轻度刺激作用
- 急性大量接触，早期出现兴奋，继而嗜睡、呕吐、面色苍白、脉缓、体温下降、呼吸不规则、肌肉松弛等，重者可陷入昏迷、血压下降，甚至呼吸心跳停止

环境影响

- 在土壤中具有很强的迁移性
- 很难被生物降解

危险性

理化特性及用途	理化特性 • 无色透明液体，有芳香气味，极易挥发，微溶于水 • 沸点：34.6℃ • 相对密度：0.71 • 闪点：-45℃ • 爆炸极限：1.7%~48%
	用途 • 在有机合成中，主要用作溶剂、萃取剂和反应介质。医药上用作麻醉剂。在生产无烟火药、棉胶和照相软片时，与乙醇混合用于溶解硝化纤维素 • 此外，还可用作化学试剂等
个体防护	• 佩戴全防型滤毒罐 • 穿简易防化服 • 戴防化手套 • 穿防化安全靴
应急行动	隔离与公共安全 　泄漏：污染范围不明的情况下，初始隔离至少100m，下风向疏散至少500m。发生大规模泄漏时，初始隔离至少500m，下风向疏散至少1000m。然后进行气体浓度检测，根据有害蒸气的实际浓度，调整隔离、疏散距离 　火灾：火场内如有储罐、槽车或罐车，隔离800m。考虑撤离隔离区内的人员、物资 • 疏散无关人员并划定警戒区 • 在上风、上坡或上游处停留，切勿进入低洼处 • 进入密闭空间之前必须先通风

应急行动	**泄漏处理** • 消除所有点火源(泄漏区附近禁止吸烟,消除所有明火、火花或火焰) • 使用防爆的通信工具 • 在确保安全的情况下,采用关阀、堵漏等措施,以切断泄漏源 • 作业时所有设备应接地 • 构筑围堤或挖沟槽收容泄漏物,防止进入水体、下水道、地下室或有限空间 • 用抗溶性泡沫覆盖泄漏物,减少挥发 • 用雾状水稀释挥发的蒸气,禁止用直流水冲击泄漏物 • 用砂土或其他不燃材料吸收泄漏物 • 如果储罐发生泄漏,可通过倒罐转移尚未泄漏的液体 **火灾扑救** 注意:闪点很低,用水灭火无效 灭火剂:干粉、二氧化碳、泡沫 • 不得使用直流水扑救 • 在确保安全的前提下,将容器移离火场 储罐、公路/铁路槽车火灾 • 尽可能远距离灭火或使用遥控水枪或水炮扑救 • 用大量水冷却容器,直至火灾扑灭 • 容器突然发出异常声音或发生异常现象,立即撤离 **急救** • 皮肤接触:脱去污染的衣着,用清水彻底冲洗皮肤。就医 • 眼睛接触:提起眼睑,用流动清水或生理盐水冲洗。就医 • 吸入:迅速脱离现场至空气新鲜处,保持呼吸道通畅。如呼吸困难,给输氧。呼吸、心跳停止,立即进行心肺复苏术。就医 • 食入:饮水,禁止催吐。就医

95. 乙硼烷

别　名：二硼烷　CAS号：19287-45-7

特别警示	★ **剧毒** ★ **遇潮湿空气能自燃，与空气混合能形成爆炸性混合物** ★ **若不能切断泄漏气源，则不允许熄灭泄漏处的火焰** ★ **能与氯氟烃灭火剂猛烈反应**
化学式	分子式　B_2H_6　　结构式　$H_2B\overset{H}{\underset{H}{<>}}BH_2$
危险性	危险性类别 ● 易燃气体，类别1 ● 加压气体 ● 急性毒性-吸入，类别1 ● 皮肤腐蚀/刺激，类别1 ● 严重眼损伤/眼刺激，类别1 ● 特异性靶器官毒性- 一次接触，类别1 ● 特异性靶器官毒性-反复接触，类别1  ● 象形图： ● 警示词：危险

危险性	危险货物分类

危险货物分类
- 联合国危险货物编号（UN 号）：1911
- 联合国运输名称：乙硼烷
- 联合国危险性类别：2.3，2.1
- 包装类别：
- 包装标志：

燃烧爆炸危险性
- 易燃，与空气混合能形成爆炸性混合物，遇明火、高热或与氧化剂接触，有引起燃烧爆炸的危险
- 在潮湿空气中易自燃

健康危害
- 职业接触限值：$PC\text{-}TWA$ 0.1mg/m³；
- $IDLH$：15ppm
- 急性毒性：大鼠吸入 LC_{50}：58mg/m³（4h）
- 剧毒化学品
- 吸入高浓度乙硼烷出现胸闷、气短、干咳、心前区不适；可出现恶心、头痛、发热等症状。重者可发生肺炎、肺水肿

环境影响
- 在环境中极不稳定，其燃烧产物和分解产物对环境有害

理化特性及用途	**理化特性** • 无色气体，味特臭 • 气体相对密度：0.96 • 爆炸极限：0.8%～88%
	用途 • 用于制取半导体用高纯硼、其他硼烷和含硼化合物。用作有机反应还原剂、烯烃聚合催化剂、橡胶硫化剂、火箭推进剂、燃料添加剂和 P 型半导体材料的掺杂剂
个体防护	• 佩戴正压式空气呼吸器 • 穿内置式重型防化服
应急行动	**隔离与公共安全** 泄漏：污染范围不明的情况下，初始隔离至少500m，下风向疏散至少1500m。然后进行气体浓度检测。根据有害气体的实际浓度，调整隔离、疏散距离 火灾：火场内如有储罐、槽车或罐车，隔离1600m。考虑撤离隔离区内的人员、物资 • 疏散无关人员并划定警戒区 • 在上风、上坡或上游处停留 • 进入密闭空间之前必须先通风
	泄漏处理 • 消除所有点火源(泄漏区附近禁止吸烟，消除所有明火、火花或火焰) • 使用防爆的通信工具 • 作业时所有设备应接地

- 在确保安全的情况下，采用关阀、堵漏等措施，以切断泄漏源
- 防止气体通过通风系统扩散或进入有限空间
- 喷雾状水改变蒸气云流向，禁止用水直接冲击泄漏物或泄漏源
- 隔离泄漏区直至气体散尽

火灾扑救

灭火剂：干粉、二氧化碳、雾状水、泡沫

- 若不能切断泄漏气源，则不允许熄灭泄漏处的火焰
- 在确保安全的前提下，将容器移离火场
- 毁损容器由专业人员处置

储罐火灾

- 尽可能远距离灭火或使用遥控水枪或水炮扑救
- 用大量水冷却容器，直至火灾扑灭
- 容器突然发出异常声音或发生异常现象，立即撤离
- 当大火已经在货船蔓延，立即撤离，货船可能爆炸

急救

- 皮肤接触：立即脱去污染的衣着，用大量流动清水冲洗。就医
- 眼睛接触：立即提起眼睑，用大量流动清水或生理盐水彻底冲洗。就医
- 吸入：迅速脱离现场至空气新鲜处，保持呼吸道通畅。如呼吸困难，给输氧。呼吸、心跳停止，立即进行心肺复苏术，就医

（应急行动）

96. 乙醛

别　名：醋醛　CAS 号：75-07-0

特别警示	★ 高度易燃，其蒸气与空气混合，能形成爆炸性混合物 ★ 火场温度下易发生危险的聚合反应
化学式	分子式　C_2H_4O　结构式　
危险性	危险性类别 • 易燃液体，类别 1 • 严重眼损伤/眼刺激，类别 2 • 致癌性，类别 2 • 特异性靶器官毒性－一次接触，类别 3(呼吸道刺激) • 象形图： • 警示词：危险
	危险货物分类 • 联合国危险货物编号(UN 号)：1089 • 联合国运输名称：乙醛 • 联合国危险性类别：3 • 包装类别：I • 包装标志：

	燃烧爆炸危险性
	• 易燃，其蒸气与空气能形成爆炸性混合物，遇明火、高温有燃烧爆炸危险
	• 蒸气比空气重，能在较低处扩散到相当远的地方，遇火源会着火回燃
	• 久置在空气中能生成有爆炸性的过氧化物

健康危害
- 职业接触限值：MAC 45mg/m³（G2B）
- $IDLH$：2000ppm
- 急性毒性：大鼠经口 LD_{50}：661mg/kg；兔经皮 LD_{50}：3540mg/kg；大鼠吸入 LC_{50}：13300 ppm（4h）
- 经呼吸道和消化道吸收。具有刺激和麻醉作用
- 低浓度蒸气引起眼及上呼吸道刺激症状；高浓度引起头痛、嗜睡、意识不清、支气管炎，甚至肺水肿
- 溅入眼内可致角膜表层损伤

环境影响
- 在很低的浓度就能对水生生物造成危害
- 在土壤中具有极强的迁移性
- 极易挥发，在空气中与其他挥发性有机物反应，可能会造成光化学烟雾，是有害的空气污染物
- 在有氧状态下，易被生物降解；无氧状态下，降解速度相对较慢

危险性（左侧竖排）

理化特性
- 无色易挥发液体，有辛辣刺激性气味。与水混溶
- 沸点：20.8℃
- 相对密度：0.78
- 闪点：-39℃
- 爆炸极限：4.0%~57.0%

用途
- 用于生产醋酸、醋酐、丁醇、三氯乙醛、季戊四醇及其他化工产品。也可用作防腐剂和杀菌、消毒剂

理化特性及用途（左侧竖排）

个体防护	<ul><li>佩戴正压式空气呼吸器或全防型滤毒罐</li><li>穿简易防化服</li><li>戴防化手套</li><li>穿防化安全靴</li></ul>
应急行动	**隔离与公共安全** 　泄漏：污染范围不明的情况下，初始隔离至少100m，下风向疏散至少500m。发生大规模泄漏时，初始隔离至少500m，下风向疏散至少1000m。然后进行气体浓度检测，根据有害蒸气的实际浓度，调整隔离、疏散距离 　火灾：火场内如有储罐、槽车或罐车，隔离800m。考虑撤离隔离区内的人员、物资<ul><li>疏散无关人员并划定警戒区</li><li>在上风、上坡或上游处停留，切勿进入低洼处</li><li>进入密闭空间之前必须先通风</li></ul>**泄漏处理**<ul><li>消除所有点火源(泄漏区附近禁止吸烟，消除所有明火、火花或火焰)</li><li>使用防爆的通信工具</li><li>在确保安全的情况下，采用关阀、堵漏等措施，以切断泄漏源</li><li>作业时所有设备应接地</li><li>构筑围堤或挖沟槽收容泄漏物，防止进入水体、下水道、地下室或有限空间</li><li>用抗溶性泡沫覆盖泄漏物，减少挥发</li><li>用砂土或其他不燃材料吸收泄漏物</li><li>如果储罐发生泄漏，可通过倒罐转移尚未泄漏的液体</li></ul>

应急行动

水体泄漏

- 沿河两岸进行警戒，严禁取水、用水、捕捞等一切活动
- 在下游筑坝拦截污染水，同时在上游开渠引流，让清洁水绕过污染带
- 监测水体中污染物的浓度
- 如果已溶解，在浓度不低于 10ppm 的区域，用 10 倍于泄漏量的活性炭吸附污染物

火灾扑救

灭火剂：干粉、二氧化碳、抗溶性泡沫

- 在确保安全的前提下，将容器移离火场

储罐、公路/铁路槽车火灾

- 尽可能远距离灭火或使用遥控水枪或水炮灭火
- 用大量水冷却容器，直至火灾扑灭
- 容器突然发出异常声音或发生异常现象，立即撤离
- 切勿在储罐两端停留

急救

- 皮肤接触：立即脱去污染的衣着，用大量流动清水冲洗 20~30min。就医
- 眼睛接触：立即提起眼睑，用大量流动清水或生理盐水彻底冲洗 10~15min。就医
- 吸入：迅速脱离现场至空气新鲜处。保持呼吸道通畅。如呼吸困难，给输氧。呼吸、心跳停止，立即进行心肺复苏术。就医
- 食入：口服牛奶、15% 醋酸铵或 3% 碳酸铵水溶液。催吐，用稀氨水溶液洗胃。就医

97. 乙炔

别　名：**电石气**　CAS 号：**74-86-2**

特别警示	★ 极易燃 ★ 经压缩或加热可造成爆炸 ★ 若不能切断泄漏气源，则不允许熄灭泄漏处的火焰 ★ 火场温度下易发生危险的聚合反应
化学式	分子式 C_2H_2　结构式 $CH \equiv CH$
危险性	危险性类别 • 易燃气体，类别 1 • 化学不稳定性气体，类别 A • 加压气体 • 象形图： • 警示词：危险 危险货物分类 （1）联合国危险货物编号（UN 号）：1001 • 联合国运输名称：溶解乙炔 • 联合国危险性类别：2.1 • 包装类别： • 包装标志：

	(2) 联合国危险货物编号（UN号）：3374 ● 联合国运输名称：乙炔，无溶剂 ● 联合国危险性类别：2.1 ● 包装类别： ● 包装标志：
危 险 性	**燃烧爆炸危险性** ● 爆炸范围非常宽，极易燃烧爆炸 ● 能与空气形成爆炸性混合物 ● 对撞击和压力敏感 ● 遇明火、高热和氧化剂有燃烧、爆炸危险
	健康危害 ● 具有弱麻醉作用，麻醉恢复快，无后作用 ● 高浓度吸入可引起单纯窒息
	环境影响 ● 水体中浓度较高时，对水生生物有害
理 化 特 性 及 用 途	**理化特性** ● 无色无臭气体，工业品有使人不愉快的大蒜气味。微溶于水 ● 气体相对密度：0.91 ● 爆炸极限：2.1%~80%
	用途 ● 用作金属焊接、切割的燃料气。大量用作石油化工的原料，制造聚氯乙烯、氯丁橡胶、乙酸、乙酸乙烯酯等
个 体 防 护	● 泄漏状态下佩戴正压式空气呼吸器，火灾时可佩戴简易滤毒罐 ● 穿简易防化服 ● 戴防化手套

	隔离与公共安全
应急行动	泄漏：污染范围不明的情况下，初始隔离至少100m，下风向疏散至少800m。然后进行气体浓度检测，根据有害气体的实际浓度，调整隔离、疏散距离 火灾：火场内如有储罐、槽车或罐车，隔离1600m。考虑撤离隔离区内的人员、物资 ● 疏散无关人员并划定警戒区 ● 在上风、上坡或上游处停留
	泄漏处理
	● 消除所有点火源(泄漏区附近禁止吸烟，消除所有明火、火花或火焰) ● 使用防爆的通信工具 ● 作业时所有设备应接地 ● 在确保安全的情况下，采用关阀、堵漏等措施，以切断泄漏源 ● 防止气体通过通风系统扩散或进入有限空间 ● 喷雾状水改变泄漏气体流向 ● 隔离泄漏区直至气体散尽
	火灾扑救
	灭火剂：干粉、二氧化碳、雾状水、泡沫 ● 若不能切断泄漏气源，则不允许熄灭泄漏处的火焰 ● 在确保安全的前提下，将容器移离火场 用大量水冷却容器，直至火灾扑灭 ● 安全阀发出声响或容器变色，立即撤离
	急救
	● 吸入：迅速脱离现场至空气新鲜处。保持呼吸道通畅。如呼吸困难，给输氧。呼吸、心跳停止，立即进行心肺复苏术。就医

98. 乙酸

别　名：醋酸；冰醋酸　CAS 号：64-19-7

特别警示	★ **有腐蚀和刺激性，皮肤接触可致灼伤**
化学式	分子式　$C_2H_4O_2$　结构式　
危险性	**危险性类别** • 易燃液体，类别 3 • 皮肤腐蚀/刺激，类别 1A • 严重眼损伤/眼刺激，类别 1 • 象形图： • 警示词：危险
	危险货物分类 • 联合国危险货物编号（UN 号）：2790 • 联合国运输名称：乙酸溶液，按质量含酸不低于 50%，但不超过 80% • 联合国危险性类别：8 • 包装类别：Ⅱ 或 Ⅲ • 包装标志：

危险性	**燃烧爆炸危险性** ● 易燃，蒸气可与空气形成爆炸性混合物，遇明火、高热能引起燃烧爆炸 ● 蒸气比空气重，能在较低处扩散到相当远的地方，遇火源会着火回燃 **健康危害** ● 职业接触限值：$PC-TWA$ 10mg/m³；$PC-STEL$ 20mg/m³ ● $IDLH$：50ppm ● 急性毒性：大鼠经口 LD_{50}：3310mg/kg；兔经皮 LD_{50}：1060mg/kg；小鼠吸入 LC_{50}：13791mg/m³（1h） ● 吸入蒸气对鼻、喉和呼吸道有刺激性，吸入极高浓度，可引起迟发性肺水肿 ● 对眼有强烈刺激作用。皮肤接触，轻者出现红斑，重者引起化学灼伤。误服浓乙酸可引起消化道灼伤 **环境影响** ● 在很低的浓度就能对水生生物造成危害 ● 在土壤中具有中等强度的迁移性 ● 易被生物降解
理化特性及用途	**理化特性** ● 无色透明液体或结晶，有刺激性气味。溶于水。与碱发生放热中和反应 ● 熔点：16.7℃ ● 沸点：118.1℃ ● 相对密度：1.05 ● 闪点：39℃ ● 爆炸极限：4.0%～17.0% **用途** ● 广泛用于化工、纺织、医药、农药和染料等行业。用于生产醋酸乙烯、醋酸酯、乙酸酐、氯乙酸、醋酸纤维素等。也用作溶剂

个体防护	• 佩戴全防型滤毒罐 • 穿封闭式防化服
应急行动	**隔离与公共安全** 　泄漏：污染范围不明的情况下，初始隔离至少300m，下风向疏散至少1000m。然后进行气体浓度检测，根据有害蒸气的实际浓度，调整隔离、疏散距离 　火灾：火场内如有储罐、槽车或罐车，隔离800m。考虑撤离隔离区内的人员、物资 • 疏散无关人员并划定警戒区 • 在上风、上坡或上游处停留，切勿进入低洼处 • 进入密闭空间之前必须先通风 **泄漏处理** • 消除所有点火源(泄漏区附近禁止吸烟，消除所有明火、火花或火焰) • 使用防爆的通信工具 • 作业时所有设备应接地 • 禁止接触或跨越泄漏物 • 在确保安全的情况下，采用关阀、堵漏等措施以切断泄漏源 • 构筑围堤或挖沟槽收容泄漏物，防止进入水体、下水道、地下室或有限空间 • 用抗溶性泡沫覆盖泄漏物，减少挥发 • 喷雾状水溶解、稀释挥发的蒸气 • 用砂土或其他不燃材料吸收泄漏物 • 用小苏打、纯碱稀碱液中和泄漏物 • 如果储罐发生泄漏，可通过倒罐转移尚未泄漏的液体

应急行动

水体泄漏

- 沿河两岸进行警戒，严禁取水、用水、捕捞等一切活动
- 在下游筑坝拦截污染水，同时在上游开渠引流，让清洁水改走新河道
- 加入碳酸氢钠稀碱液中和污染物

火灾扑救

灭火剂：干粉、二氧化碳、雾状水、抗溶性泡沫

- 在确保安全的前提下，将容器移离火场
- 筑堤收容消防污水以备处理，不得随意排放

储罐、公路/铁路槽车火灾

- 尽可能远距离灭火或使用遥控水枪或水炮扑救
- 用大量水冷却容器，直至火灾扑灭
- 容器突然发出异常声音或发生异常现象，立即撤离
- 切勿在储罐两端停留

急救

- 皮肤接触：立即脱去污染的衣着，用大量流动清水冲洗 20~30min。就医
- 眼睛接触：立即提起眼睑，用大量流动清水或生理盐水彻底冲洗 10~15min。就医
- 吸入：迅速脱离现场至空气新鲜处。保持呼吸道通畅。如呼吸围难，给输氧。呼吸、心跳停止，立即进行心肺复苏术。就医
- 食入：用水漱口，给饮牛奶或蛋清。就医

99. 乙烯

CAS 号：74-85-1

特别警示	★ 有较强的麻醉作用 ★ 极易燃 ★ 若不能切断泄漏气源，则不允许熄灭泄漏处的火焰 ★ 火场温度下易发生危险的聚合反应
化学式	分子式 C_2H_4 结构式
危险性	**危险性类别** • 易燃气体，类别 1 • 加压气体 • 特异性靶器官毒性——次接触，类别 3（麻醉效应） • 象形图：  • 警示词：危险
	危险货物分类 (1) 联合国危险货物编号（UN 号）：1038 • 联合国运输名称：冷冻液态乙烯 • 联合国危险性类别：2.1 • 包装类别： • 包装标志：

危险性	(2) 联合国危险货物编号(UN 号)：1962 ● 联合国运输名称：乙烯 ● 联合国危险性类别：2.1 ● 包装类别： ● 包装标志：
	燃烧爆炸危险性 ● 极易燃，与空气混合能形成爆炸性混合物，遇明火、高热或与氧化剂接触，有引起燃烧爆炸的危险 ● 高温或接触氧化剂能引起燃烧或爆炸性聚合
	健康危害 ● 急性毒性：小鼠吸入 LC_{50}：95ppm(2h) ● 具有较强的麻醉作用 ● 吸入高浓度时可迅速引起意识丧失。吸入新鲜空气后，一般很快清醒 ● 皮肤接触液态乙烯可发生冻伤
	环境影响 ● 在土壤中具有很强的迁移性 ● 可被生物降解
理化特性及用途	理化特性 ● 无色气体，带有甜味。不溶于水。有机过氧化物、烷基锂等引发剂存在时，易发生聚合，放出大量的热量 ● 气体相对密度：0.98 ● 爆炸极限：2.7%~36.0%
	用途 ● 是合成纤维、合成橡胶、合成塑料的基本化工原料。用于生产聚乙烯、二氯乙烷、氯乙烯、环氧乙烷、乙二醇、苯乙烯、乙苯等 ● 也可用作水果、蔬菜的催熟剂

个体防护	• 泄漏状态下佩戴正压式空气呼吸器，火灾时可佩戴简易滤毒罐 • 穿简易防化服 • 戴防化手套 • 处理液态乙烯时应穿防寒服
应急行动	**隔离与公共安全** 　泄漏：污染范围不明的情况下，初始隔离至少100m，下风向疏散至少800m。然后进行气体浓度检测，根据有害气体的实际浓度，调整隔离、疏散距离 　火灾：火场内如有储罐、槽车或罐车，隔离1600m。考虑撤离隔离区内的人员、物资 • 疏散无关人员并划定警戒区 • 在上风、上坡或上游处停留 **泄漏处理** • 消除所有点火源(泄漏区附近禁止吸烟，消除所有明火、火花或火焰) • 使用防爆的通信工具 • 作业时所有设备应接地 • 在确保安全的情况下，采用关阀、堵漏等措施，以切断泄漏源 • 防止气体通过通风系统扩散或进入有限空间 • 喷雾状水改变蒸气云流向 • 隔离泄漏区直至气体散尽

	火灾扑救
应急行动	灭火剂：干粉、二氧化碳、雾状水、泡沫
	● 若不能切断泄漏气源，则不允许熄灭泄漏处的火焰
	● 在确保安全的前提下，将容器移离火场
	储罐火灾
	● 尽可能远距离灭火或使用遥控水枪或水炮扑救
	● 用大量水冷却容器，直至火灾扑灭
	● 容器突然发出异常声音或发生异常现象，立即撤离
	● 当大火已经在货船蔓延，立即撤离，货船可能爆炸
	急救
	● 皮肤接触：如果发生冻伤，将患部浸泡于保持在38~42℃的温水中复温。不要涂擦。不要使用热水或辐射热。使用清洁、干燥的敷料包扎。就医
	● 吸入：迅速脱离现场至空气新鲜处。保持呼吸道通畅。如呼吸困难，给输氧。呼吸、心跳停止，立即进行心肺复苏术。就医

100. 异丁醛

CAS 号：**78-84-2**

特别警示	★ 高度易燃，受热、遇明火或火花极易燃烧 ★ 注意：闪点很低，用水灭火无效
化学式	分子式　C_4H_8O　　结构式
危险性	**危险性类别** • 易燃液体，类别 2 • 生殖细胞致突变性，类别 2 • 特异性靶器官毒性- 一次接触，类别 3(呼吸道刺激) • 象形图：  • 警示词：危险 <hr>**危险货物分类** • 联合国危险货物编号（UN 号）：2045 • 联合国运输名称：异丁醛 • 联合国危险性类别：3 • 包装类别：Ⅱ • 包装标志：

危险性	**燃烧爆炸危险性** • 易燃，蒸气与空气可形成爆炸性混合物，遇明火高热极易燃烧爆炸 • 蒸气比空气重，能在较低处扩散到相当远的地方遇火源会着火回燃 • 流速过快，容易产生和积聚静电 • 在火场中，受热的容器有爆炸危险
	健康危害 • 急性毒性：大鼠经口 LD_{50}：960mg/kg；兔经皮 LD_{50}：5633mg/kg；小鼠吸入 LC_{50}：39500mg/m³（2h） • 低浓度对眼、鼻和呼吸道有轻微刺激；高浓度吸入引起肺炎、肺水肿，并出现麻醉作用 • 有致敏性
	环境影响 • 在土壤中具有很强的迁移性 • 具有轻微的生物富集性 • 易被生物降解
理化特性及用途	**理化特性** • 无色液体，有较强的刺激性气味。微溶于水 • 沸点：64℃ • 相对密度：0.79 • 闪点：-18.9℃ • 爆炸极限：1.6%~10.6%
	用途 • 用于制造橡胶硫化促进剂和防老剂、异丁酸、新戊二醇及异丁叉二脲缓效肥料等 • 也用作药物中间体

个体防护	• 佩戴全防型滤毒罐 • 穿简易防化服 • 戴防化手套 • 穿防化安全靴
应急行动	**隔离与公共安全** 　泄漏：污染范围不明的情况下，初始隔离至少100m，下风向疏散至少500m。然后进行气体浓度检测，根据有害蒸气的实际浓度，调整隔离、疏散距离 　火灾：火场内如有储罐、槽车或罐车，隔离800m。考虑撤离隔离区内的人员、物资 • 疏散无关人员并划定警戒区 • 在上风、上坡或上游处停留，切勿进入低洼处 • 进入密闭空间之前必须先通风 **泄漏处理** • 消除所有点火源(泄漏区附近禁止吸烟，消除所有明火、火花或火焰) • 使用防爆的通信工具 • 在确保安全的情况下切断泄漏源 • 作业时所有设备应接地 • 构筑围堤或挖沟槽收容泄漏物，防止进入水体、下水道、地下室或有限空间 • 用泡沫覆盖泄漏物，减少挥发 • 用砂土或其他不燃材料吸收泄漏物 • 如果槽车发生泄漏，可通过倒罐转移尚未泄漏的液体

火灾扑救

注意：闪点很低，用水灭火无效

灭火剂：干粉、二氧化碳、抗溶性泡沫

• 在确保安全的前提下，将容器移离火场

储罐、公路/铁路槽车火灾

• 尽可能远距离灭火或使用遥控水枪或水炮扑救

• 用大量水冷却容器，直至火灾扑灭

• 储罐突然发出异常声音或发生异常现象，立即撤离

• 切勿在储罐两端停留

应急行动

急救

• 皮肤接触：脱去污染的衣着，用肥皂水和清水彻底冲洗皮肤。就医

• 眼睛接触：提起眼睑，用流动清水或生理盐水冲洗。就医

• 吸入：迅速脱离现场至空气新鲜处。保持呼吸道通畅。如呼吸困难，给输氧。呼吸、心跳停止，立即进行心肺复苏术。就医

• 食入：饮水，禁止催吐。尽快洗胃。就医

101. 异丁烷

别　名：**2-甲基丙烷**　CAS 号：**75-28-5**

特别警示	★ 极易燃 ★ 若不能切断泄漏气源，则不允许熄灭泄漏处的火焰
化学式	分子式　C_4H_{10}　结构式
危险性	**危险性类别** • 易燃气体，类别 1 • 加压气体 • 象形图： • 警示词：危险 **危险货物分类** • 联合国危险货物编号（UN 号）：1969 • 联合国运输名称：异丁烷 • 联合国危险性类别：2.1 • 包装类别： • 包装标志：

危险性	**燃烧爆炸危险性** • 极易燃，蒸气与空气可形成爆炸性混合物，遇明火、高热极易燃烧爆炸 • 蒸气比空气重，能在较低处扩散到相当远的地方，遇火源会着火回燃 • 在火场中，受热的容器有爆炸危险	
	健康危害 • 具有弱刺激和麻醉作用 • 急性中毒表现为头晕、头痛、嗜睡、恶心、酒醉状态。重者可昏迷	
	环境影响 • 在土壤中具有极强的迁移性 • 具有轻微的生物富集性	
理化特性及用途	**理化特性** • 无色、稍有气味的气体。微溶于水 • 沸点：−11.8℃ • 气体相对密度：2.01 • 爆炸极限：1.8%~8.5%	
	用途 • 主要用于与异丁烯烃烃化制异辛烷，作为汽油辛烷值改进剂 • 也用作冷冻剂、气雾剂的抛射剂、聚苯乙烯的发泡剂、丁烷打火机气体燃料、高热值燃料	
个体防护	• 泄漏状态下佩戴正压式空气呼吸器，火灾时可佩戴简易滤毒罐 • 穿简易防化服 • 戴防化手套 • 处理液态乙烯时，应穿防寒服	

应急行动

隔离与公共安全

泄漏：污染范围不明的情况下，初始隔离至少100m，下风向疏散至少800m。然后进行气体浓度检测，根据有害气体的实际浓度，调整隔离、疏散距离

火灾：火场内如有储罐、槽车或罐车，隔离1600m。考虑撤离隔离区内的人员、物资

- 疏散无关人员并划定警戒区
- 在上风、上坡或上游处停留，切勿进入低洼处
- 气体比空气重，可沿地面扩散，并在低洼处或有限空间(如下水道、地下室等)聚集

泄漏处理

- 消除所有点火源(泄漏区附近禁止吸烟，消除所有明火、火花或火焰)
- 使用防爆的通信工具
- 作业时所有设备应接地
- 在确保安全的情况下，采用关阀、堵漏等措施，以切断泄漏源
- 防止气体通过下水道、通风系统扩散或进入有限空间
- 喷雾状水改变蒸气云流向，禁止用水直接冲击泄漏物或泄漏源
- 隔离泄漏区直至气体散尽

应急行动

火灾扑救

灭火剂：干粉、二氧化碳、雾状水、泡沫

• 若不能切断泄漏气源，则不允许熄灭泄漏处的火焰

• 在确保安全的前提下，将容器移离火场

储罐火灾

• 尽可能远距离灭火或使用遥控水枪或水炮扑救

• 用大量水冷却容器，直至火灾扑灭

• 容器突然发出异常声音或发生异常现象，立即撤离

急救

• 吸入：迅速脱离现场至空气新鲜处。保持呼吸道通畅。如呼吸困难，给输氧。呼吸、心跳停止，立即进行心肺复苏术。就医

102. 异氰酸甲酯

别　名：甲基异氰酸酯　CAS 号：624-83-9

特别警示	★ 剧毒 ★ 易燃，容易自聚 ★ 禁止喷水处理泄漏物或将水喷入容器
化学式	分子式　C_2H_3NO　结构式　$O=C=N-CH_3$
危险性	危险性类别 • 易燃液体，类别 2 • 急性毒性-经口，类别 3* • 急性毒性-经皮，类别 3* • 急性毒性-吸入，类别 2* • 皮肤腐蚀/刺激，类别 2 • 严重眼损伤/眼刺激，类别 1 • 呼吸道致敏物，类别 1 • 皮肤致敏物，类别 1 • 生殖毒性，类别 2 • 特异性靶器官毒性——次接触，类别 3(呼吸道刺激) • 象形图： • 警示词：危险

危险性

危险货物分类

- 联合国危险货物编号（UN 号）：2480
- 联合国运输名称：异氰酸甲酯
- 联合国危险性类别：6.1, 3
- 包装类别：Ⅰ

- 包装标志：

燃烧爆炸危险性

- 易燃，蒸气与空气可形成爆炸性混合物，遇明火、高热能引起燃烧或爆炸

健康危害

- 职业接触限值：$PC-TWA$ 0.05mg/m^3（皮）；$PC-STEL$ 0.08mg/m^3（皮）
- $IDLH$：0.12ppm
- 急性毒性：大鼠经口 LD_{50}：51.5mg/kg；兔经皮 LD_{50}：211mg/kg；大鼠吸入 LC_{50}：6100ppb（6h）
- 剧毒化学品。对皮肤黏膜有强刺激性和腐蚀性
- 吸入后可引起化学性呼吸道炎、肺炎，严重者为急性肺水肿、肺出血、呼吸窘迫综合征、纵膈气肿
- 可致眼灼伤，重者导致失明。皮肤直接接触后，可致化学性灼伤

环境影响

- 有害的空气污染物
- 易水解，可能对水生生物有害

理化特性及用途	**理化特性** ● 无色液体，有强烈气味。有催泪性。溶于水而分解 ● 沸点：37~39℃ ● 相对密度：0.97(20℃) ● 闪点：-7℃ ● 爆炸极限：5.3%~26% **用途** ● 作为有机合成原料，用于合成聚氨酯、聚脲树脂、胶黏剂、农用杀虫剂、除草剂。分析化学中，用于鉴别醇类和胺类等
个体防护	● 佩戴正压式空气呼吸器或全防型滤毒罐 ● 穿封闭式防化服
应急行动	**隔离与公共安全** 泄漏：污染范围不明的情况下，初始隔离至少300m，下风向疏散至少1000m。然后进行气体浓度检测，根据有害蒸气的实际浓度，调整隔离、疏散距离 火灾：火场内如有储罐、槽车或罐车，隔离800m。考虑撤离隔离区内的人员、物资 ● 疏散无关人员并划定警戒区 ● 在上风、上坡或上游处停留，切勿进入低洼处 ● 加强现场通风

应急行动

泄漏处理

- 消除所有点火源(泄漏区附近禁止吸烟,消除所有明火、火花或火焰)
- 使用防爆的通信工具
- 作业时所有设备应接地
- 未穿全身防护服时,禁止触及毁损容器或泄漏物
- 在确保安全的情况下,采用关阀、堵漏等措施,以切断泄漏源
- 筑堤或挖沟槽收容泄漏物,防止进入水体、下水道、地下室或限制性空间
- 用砂土或其他不燃材料吸收泄漏物

火灾扑救

灭火剂:干粉、干砂、二氧化碳

- 禁止用水扑救
- 在确保安全的前提下,将容器移离火场

储罐、公路/铁路槽车火灾

- 尽可能远距离灭火或使用遥控水枪或水炮扑救
- 禁止将水注入容器
- 用大量水冷却容器,直至火灾扑灭
- 容器突然发出异常声音或发生异常现象,立即撤离
- 切勿在储罐两端停留

急救

- 皮肤接触:立即脱去污染的衣着,用大量流动清水冲洗 20~30min。就医
- 眼睛接触:立即提起眼睑,用大量流动清水或生理盐水彻底冲洗 10~15min。就医
- 吸入:迅速脱离现场至空气新鲜处:保持呼吸道通畅。如呼吸困难,给输氧。呼吸、心跳停止,立即进行心肺复苏术。就医
- 食入:用水漱口,给饮牛奶或蛋清。就医

103. 有机磷酸酯类农药

特别警示	★ 多数品种毒性较大，吸入、口服或经皮吸收易引起中毒 ★ 燃烧后产生有毒烟雾
危 险 性	**危险性类别** • 急性毒性−经口，类别 3 * • 急性毒性−经皮，类别 3 * • 急性毒性−吸入，类别 3 * • 象形图： • 警示词：危险 **危险货物分类** (1) 联合国危险货物编号(UN 号)：2783 • 联合国运输名称：固态有机磷农药，毒性 • 联合国危险性类别：6.1 • 包装类别：Ⅰ、Ⅱ或Ⅲ • 包装标志： (2) 联合国危险货物编号(UN 号)：3018 • 联合国运输名称：液态有机磷农药，毒性 • 联合国危险性类别：6.1 • 包装类别：Ⅰ、Ⅱ或Ⅲ • 包装标志：

	燃烧爆炸危险性
	• 高温可燃，放出有毒烟气
危险性	**健康危害** • 抑制体内胆碱酯酶 • 短期内大量接触(口服，吸入，皮肤、黏膜接触)引起急性中毒。表现有恶心、呕吐、腹痛、流涎、多汗、瞳孔缩小、呼吸道分泌物增加、呼吸困难、肺水肿、肌束震颤、肌麻痹。重者有脑水肿，可有心、肝、肾损害；可出现迟发性周围神经痛 • 血胆碱酯酶活性下降
	环境影响 • 对水生生物有很强的毒性作用
理化特性及用途	**理化特性** • 纯品多为油状液体，少数为结晶状固体。大部分带有大蒜样臭味，难溶于水
	用途 • 用作农业杀虫剂、杀菌剂、除草剂、脱叶剂、杀鼠剂。还用作增塑剂、战争毒剂
个体防护	• 佩戴全防型滤毒罐 • 穿封闭式防化服

应急行动

隔离与公共安全

泄漏：污染范围不明的情况下，初始隔离至少300m，下风向疏散至少1000m。然后进行气体浓度检测，根据有害蒸气的实际浓度，调整隔离、疏散距离

火灾：火场内如有储罐、槽车或罐车，隔离800m。考虑撤离隔离区内的人员、物资

- 疏散无关人员并划定警戒区

- 在上风、上坡或上游处停留，切勿进入低洼处

- 进入密闭空间之前必须先通风

泄漏处理

- 消除所有点火源（泄漏区附近禁止吸烟，消除火所有明火、火花或火焰）

- 未穿全身防护服时，禁止触及毁损容器或泄漏物

- 在保证安全的情况下切断泄漏源

- 筑堤或挖沟槽收容泄漏物，防止进入水体、下水道、地下室或密闭性空间

- 用泡沫覆盖泄漏物，减少挥发

- 用砂土或其他不燃材料吸收泄漏物

火灾扑救

　　灭火剂：干粉、雾状水、泡沫、二氧化碳

- 在确保安全的前提下，将容器移离火场
- 筑堤收容消防污水以备处理，不得随意排放

储罐、公路/铁路槽车火灾

- 用大量水冷却容器，直至火灾扑灭
- 储罐突然发出异常声音或发生异常现象，立即撤离
- 切勿在储罐两端停留

急救

- 皮肤接触：立即脱去污染的衣着，用肥皂水及流动清水彻底冲洗污染的皮肤、头发、指甲等。就医
- 眼睛接触：提起眼睑，用流动清水或生理盐水冲洗。就医
- 吸入：迅速脱离现场至空气新鲜处。保持呼吸道通畅。如呼吸困难，给输氧。呼吸、心跳停止，立即进行心肺复苏术。就医
- 食入：饮足量温水，催吐。用温开水（32～38℃）加少许食盐洗胃。口服活性炭，导泻。每5min给服1片阿托品，直到感觉口干为止。敌百虫中毒不得用碳酸氢钠溶液洗胃；乐果、马拉硫磷中毒不得用高锰酸钾溶液洗胃。就医
- 解毒剂：
  （1）阿托品：2～4mg 口服、肌肉或静脉注射
  （2）氯磷定：0.5～0.75mg 肌肉注射
  （3）解磷注射液：解磷注射液是由阿托品 3mg，苯那辛 3mg、氯磷定 400mg 制成的 2mL 1 支的制剂，肌肉注射 1～2 支

104. 原油

别　名：石油

特别警示	★ 易燃，其蒸气与空气混合，能形成爆炸性混合物
危险性	危险性类别 （1）闪点<23℃和初沸点≤35℃： ● 易燃液体，类别1 ● 象形图： ● 警示词：危险 （2）闪点<23℃和初沸点>35℃： ● 易燃液体，类别2 ● 象形图： ● 警示词：危险 （3）23℃≤闪点≤60℃： ● 易燃液体，类别3 ● 象形图： ● 警示词：警告

危 险 性	**危险货物分类** • 联合国危险货物编号（UN 号）：1267 • 联合国运输名称：石油原油 • 联合国危险性类别：3 • 包装类别：Ⅰ、Ⅱ或Ⅲ • 包装标志： **燃烧爆炸危险性** • 易燃，蒸气与空气可形成爆炸性混合物，遇明火高热极易燃烧爆炸 • 蒸气比空气重，能在较低处扩散到相当远的地方，遇火源会着火回燃 • 流速过快，容易产生和积聚静电 • 在火场中，受热的容器有爆炸危险 **健康危害** • 未见原油引起急慢性中毒的报道 • 原油在分馏、裂解和深加工过程中的产品和中间产品表现出不同的毒性 **环境影响** • 会在水面形成油膜层，对水生生物和水禽有很大的危害
理 化 特 性 及 用 途	**理化特性** • 黄色、褐色乃至黑色的可燃性黏稠液体。不溶于水 • 沸点：从常温到 500℃以上 • 相对密度：0.8~1.0 • 闪点：-20~100℃ • 爆炸极限：1.1%~8.7%

理化特性及用途	**用途** • 主要用于生产汽油、航空煤油、柴油等发动机燃料以及液化气、石脑油、润滑油、石蜡、沥青、石油焦等，通过其馏分的高温热解，还用于生产乙烯、丙烯、丁烯等基本有机化工原料
个体防护	• 佩戴全防型滤毒罐 • 穿简易防化服 • 戴防化手套 • 穿防化安全靴
应急行动	**隔离与公共安全** 　泄漏：污染范围不明的情况下，初始隔离至少50m，下风向疏散至少300m。发生大量泄漏时，初始隔离至少300m，下风向疏散至少1000m。然后进行气体浓度检测，根据有害蒸气的实际浓度，调整隔离、疏散距离 　火灾：火场内如有储罐、槽车或罐车，隔离800m。考虑撤离隔离区内的人员、物资 • 疏散无关人员并划定警戒区 • 在上风、上坡或上游处停留，切勿进入低洼处 • 进入密闭空间之前必须先通风 **泄漏处理** • 消除所有点火源(泄漏区附近禁止吸烟，消除所有明火、火花或火焰) • 使用防爆的通信工具 • 在确保安全的情况下，采用关阀、堵漏等措施，以切断泄漏源 • 作业时所有设备应接地

	● 构筑围堤或挖沟槽收容泄漏物，防止进入水体、下水道、地下室或有限空间 ● 用雾状水稀释泄漏物挥发的气体，禁止用直流水冲击泄漏物 ● 用泡沫覆盖泄漏物，减少挥发 ● 用砂土或其他不燃材料吸收泄漏物 ● 如果储罐发生泄漏，可通过倒罐转移尚未泄漏的液体 ● 如果海上或水域发生溢油事故，可布放围油栏引导或遏制溢油，防止溢油扩散，使用撇油器、吸油棉或消油剂清除溢油
应急行动	**火灾扑救** 灭火剂：干粉、泡沫、二氧化碳 **储罐、公路/铁路槽车火灾** ● 尽可能远距离灭火或使用遥控水枪或水炮扑救 ● 用大量水冷却着火罐和临近储罐，直至火灾扑灭 ● 处在火场中的储罐若发生异常变化或发出异常声音，须马上撤离 ● 着火油罐出现沸溢、喷溅前兆时，应立即撤离
	急救 ● 皮肤接触：脱去污染的衣着，用清水彻底冲洗皮肤。就医 ● 眼睛接触：提起眼睑，用流动清水或生理盐水冲洗。就医 ● 吸入：脱离现场至空气新鲜处。如呼吸困难，给输氧。就医 ● 食入：尽快彻底洗胃。就医

附　录

附录1　其他常用危险化学品危险特性

物质名称	理化特性	危险特性
甲醚 （二甲醚）	无色气体，有醚类特有的气味。溶于水 气体相对密度：1.6 爆炸极限：3.4%～26.7%	极易燃，与空气混合能形成爆炸性混合物，接触热、火星、火焰或氧化剂易燃烧爆炸。接触空气或在光照条件下可生成具有潜在爆炸危险性的过氧化物。气体比空气重，沿地面扩散并易积存于低洼处，遇火源会着火回燃 　　吸入后可引起麻醉、窒息感。对皮肤有刺激性，引起发红、水肿、起疱
1,2-乙二胺 （1,2-二氨基乙烷；乙二胺）	无色透明黏稠液体，有类似氨的气味。具有吸湿性和强碱性。能从空气中吸收二氧化碳。易溶于水 沸点：116～117℃ 相对密度：0.90 闪点：34℃ 爆炸极限：5.8%～11.1%	遇明火、高热或与氧化剂接触，有引起燃烧爆炸的危险。与乙酸、乙酸酐、二硫化碳、氯磺酸、盐酸、硝酸、硫酸、发烟硫酸、过氯酸等剧烈反应。能腐蚀铜及其合金 　　蒸气引起结膜炎、支气管炎、肺炎或肺水肿。可有肝、肾损害。液体可致眼和皮肤灼伤。可引起职业性哮喘

物质名称	理化特性	危险特性
1,4-苯二酚（对苯二酚）	白色结晶。溶于水 熔点：170.5℃ 相对密度：1.33	遇明火、高热可燃。与强氧化剂接触可发生化学反应。受高热分解放出有毒的气体 本品毒性比酚大。成人误服1g，即可引起急性中毒。严重者可出现呕血、血尿和溶血性黄疸。可引起皮炎。可致结膜和角膜炎
1-丙醇（正丙醇）	无色液体。与水混溶 沸点：97.1℃ 相对密度：0.80 闪点：15℃ 爆炸极限：2.1%～13.5%	易燃，其蒸气与空气可形成爆炸性混合物，遇明火、高热能引起燃烧爆炸。与氧化剂接触发生化学反应或引起燃烧。蒸气比空气重，沿地面扩散并易积存于低洼处，遇火源会着火回燃 吸入高浓度蒸气出现眼和上呼吸道刺激及中枢神经抑制症状。大量口服可致昏迷。甚至死亡
1-丁烯	无色气体。不溶于水 气体相对密度：1.93 爆炸极限：1.6%～10.0%	极易燃，与空气混合能形成爆炸性混合物，遇热源和明火有燃烧爆炸的危险。若遇高热，可发生聚合反应，放出大量热量而引起容器破裂和爆炸事故。与氧化剂接触猛烈反应。气体比空气重，沿地面扩散并易积存于低洼处，遇火源会着火回燃 有轻度麻醉和刺激作用。高浓度吸入可引起窒息、昏迷

续表

物质名称	理化特性	危险特性
2-丙醇（异丙醇）	无色透明液体。混溶于水 沸点：82.5℃ 相对密度：0.79 闪点：11.7℃ 爆炸极限：2.0%~12.7%	易燃，其蒸气与空气可形成爆炸性混合物，遇明火、高热能引起燃烧爆炸。与氧化剂接触猛烈反应。蒸气比空气重，沿地面扩散并易积存于低洼处，遇火源会着火回燃 接触高浓度蒸气出现头痛、倦睡、共济失调以及眼、鼻、喉刺激症状。口服可致昏迷，甚至死亡。可有肝、肾损害及溶血
2-丁醇（仲丁醇）	无色透明液体，有类似葡萄酒的气味。溶于水 沸点：99.5℃ 相对密度：0.81 闪点：24℃ 爆炸极限：1.7%~9.8%	易燃，其蒸气与空气可形成爆炸性混合物，遇明火、高热能引起燃烧爆炸。受热分解放出有毒气体。与氧化剂能发生强烈反应。在火场中，受热的容器有爆炸危险 具有刺激和麻醉作用。大量吸入对眼和呼吸道有刺激作用，出现头痛、眩晕、倦怠、恶心、嗜睡等症状。可致皮肤损害
3-氯丙烯（异丙烯基氯）	无色透明液体，有刺激性臭味。不溶于水 沸点：44.6℃ 相对密度：0.94 闪点：-32℃ 爆炸极限：2.9%~11.2%	易燃，其蒸气与空气可形成爆炸性混合物。遇明火、高热或与氧化剂接触，有引起燃烧爆炸的危险。与硝酸、发烟硫酸、氯磺酸、乙烯亚胺、乙烯二胺、氢氧化钠剧烈反应。在火场高温下，能发生聚合放热，使容器破裂。在硫酸、氯化铁、氯化铝存在下能发生猛烈聚合，放出大量热量。蒸气比空气重，沿地面扩散并易积存于低洼处，遇火源会着火回燃 高浓度蒸气对皮肤、黏膜具有刺激性，并有轻度麻醉作用。溅入眼内，出现流泪、疼痛等 长期接触引起中毒性周围神经炎

物质名称	理化特性	危险特性
苯甲酰氯（苯酰氯；氯化苯甲酰）	无色透明液体，有特殊的刺激性气味。在空气中发烟 沸点：197℃ 相对密度：1.22 闪点：72.2℃ 爆炸极限：1.2%～4.9%	遇明火、高热可燃。遇水或水蒸气反应放热并产生有毒的腐蚀性气体。对很多金属尤其是潮湿空气存在下有腐蚀性 对皮肤和黏膜有强烈刺激性。接触后出现上呼吸道刺激症状，皮肤接触可引起灼伤
丙炔（甲基乙炔）	无色气体。微溶于水 气体相对密度：1.38 爆炸极限：1.7%～11.7%	极易燃，与空气混合能形成爆炸性混合物，遇热源和明火有燃烧爆炸的危险。气体比空气重，沿地面扩散并易积存于低洼处，遇火源会着火回燃 急性吸入可刺激呼吸道，引起支气管炎及肺炎；并有麻醉作用
丙烯酸	无色液体，有刺激性气味，与水混溶 沸点：141℃ 相对密度：1.05 闪点：50℃ 爆炸极限：2.4%～8.0%	易燃，其蒸气与空气可形成爆炸性混合物，遇明火、高热能引起燃烧爆炸。与氧化剂能发生强烈反应。若遇高热，可发生聚合反应，放出大量热量而引起容器破裂和爆炸事故；遇热、光、水分、过氧化物及铁质易自聚而引起爆炸 溶液对眼和皮肤有强烈刺激作用，伤处愈合慢。对呼吸道有刺激性

续表

物质名称	理化特性	危险特性
丙烯酸正丁酯（丙烯酸丁酯）	无色液体。微溶于水 沸点：145.7℃ 相对密度：0.89 闪点：37℃ 爆炸极限：1.2%~9.9%	易燃，遇明火、高热或与氧化剂接触，有引起燃烧爆炸的危险。容易自聚，聚合反应随着温度的上升而急骤加剧 高浓度蒸气或雾对眼睛、黏膜和呼吸道有刺激作用。重者可致肺水肿。眼和皮肤长时间接触可致严重损害
丙烯酰胺（2-丙烯酰胺）	白色或淡黄色结晶。溶于水 熔点：84.5℃ 相对密度：1.12	遇明火、高热可燃。若遇高热，可发生聚合反应，放出大量热量而引起容器破裂和爆炸事故。受高热分解产生有毒的腐蚀性烟气 可引起亚急性和慢性中毒。主要损害神经系统，轻度中毒以周围神经损害为主；重度可引起小脑病变。中毒主要因皮肤吸收引起
二甲胺	无色气体。易溶于水 气体相对密度：1.6 爆炸极限：2.8%~14.4%	极易燃，与空气混合能形成爆炸性混合物，遇热源和明火有燃烧爆炸的危险。与氧化剂接触猛烈反应。气体比空气重，沿地面扩散并易积存于低洼处，遇火源会着火回燃 对眼和呼吸道有强烈的刺激作用，吸入后引起咳嗽、呼吸困难，重者发生肺水肿。液态二甲胺可致眼和皮肤灼伤

续表

物质名称	理化特性	危险特性
二氧化氮	红褐色气体，有刺激性气味。常温下与四氧化二氮混合存在，与水反应生成亚硝酸和硝酸气体相对密度：1.45(20℃)	强氧化剂。遇水能形成硝酸和氧化氮。与醇类、三氯化硼、二硫化碳、环己胺、氟、甲醛、硝基苯、丙烯、石油、还原剂、甲苯、碳化钨、三氯乙烯、无水氨、氯代烃、甲苯和其他可燃的有机物发生爆炸性反应。潮湿环境下能腐蚀金属 可引起化学性支气管炎、肺炎和肺水肿。肺水肿常迟发。肺水肿消退后两周左右可出现迟发性阻塞性细支气管炎
过氧化钠（二氧化钠；双氧化钠)	黄色粉末。加热则变为黄色。能吸收空气中的水分和二氧化碳。溶于水，并猛烈放热。在460℃分解相对密度：2.80	强氧化剂。能与可燃物、有机物或易氧化物质形成爆炸性混合物，经摩擦或与少量水接触可导致燃烧或爆炸。与硫磺、酸性腐蚀液体接触时，能发生燃烧或爆炸。遇潮气、酸类会分解并放出氧气而助燃。急剧加热时可发生爆炸。具有较强的腐蚀性 粉尘刺激眼和呼吸道，腐蚀鼻中隔。皮肤直接接触可引起灼伤。误服灼伤消化道
红磷（赤磷）	红棕色粉末。不溶于水相对密度：2.20	遇明火、高热、摩擦、撞击有引起燃烧的危险。与溴混合能发生燃烧。与大多数氧化剂如氯酸盐、硝酸盐、高氯酸盐或高锰酸盐等组成爆炸性能十分敏感的化合物。燃烧时放出有毒的刺激性烟雾 如制品不纯时可含少量黄磷，可致黄磷中毒。经常吸入红磷尘，可引起慢性磷中毒

物质名称	理化特性	危险特性
甲基丙烯酸（异丁烯酸）	无色液体或结晶。溶于水 熔点：15～16℃ 沸点：161～162℃ 相对密度：1.02 闪点：68℃ 爆炸极限：1.6%～8.7%	其蒸气与空气可形成爆炸性混合物。遇明火、高热易引起燃烧爆炸。与氧化剂发生强烈反应。若遇高热，可发生聚合反应，放出大量热量而引起容器破裂和爆炸事故 对鼻、喉有刺激性；高浓度接触可引起肺部改变。可致眼和皮肤灼伤
甲硫醇（硫醇甲烷；巯基甲烷）	无色气体，有不愉快的气味。不溶于水 气体相对密度：1.66 爆炸极限：3.9%～21.8%	易燃，其蒸气与空气可形成爆炸性混合物，遇热源、明火、氧化剂有燃烧爆炸的危险。与水、水蒸气、酸类反应产生有毒和易燃气体。与氧化剂接触猛烈反应 吸入后可引起头痛、恶心及不同程度的麻醉作用；高浓度吸入可引起呼吸麻痹而死亡
邻苯二甲酸酐（苯酐）	白色鳞片状或结晶性粉末。微溶于热水 熔点：131.2℃ 相对密度：1.53	遇明火、高热可燃。粉尘与空气能形成爆炸性混合物，能发生自燃。固体在水中能发生缓慢反应 对眼和上呼吸道有刺激性。可致皮肤灼伤。对呼吸道有致敏性，引起哮喘。对皮肤有刺激和致敏性

物质名称	理化特性	危险特性
硫化钾	红色结晶。易潮解。溶于水 熔点：912℃ 相对密度：1.74	无水物为自燃物品，其粉尘易在空气中自燃。遇酸分解，放出有毒的易燃气体。其水溶液有腐蚀性和强烈的刺激性。100℃时开始蒸发，蒸气可侵蚀玻璃 　　本品粉尘对眼、鼻、喉有刺激性，接触后引起喷嚏、咳嗽和喉炎等。高浓度吸入引起肺水肿。眼和皮肤接触可致灼伤
硫化钠 （臭碱； 硫化碱）	白色或浅黄色结晶。吸湿性较强。易溶于水，水溶液呈碱性 熔点：1180℃ 相对密度：1.86 （14℃）	无水物为自燃物品，其粉尘易在空气中自燃。遇酸分解，放出有毒的易燃气体。粉体与空气可形成爆炸性混合物。其水溶液有腐蚀性和强烈的刺激性。100℃时开始蒸发，蒸气可侵蚀玻璃 　　本品在胃肠道中能分解出硫化氢，口服后能引起硫化氢中毒。对皮肤和眼睛有腐蚀作用
硫氢化钠 （酸性 硫化钠； 氢硫化钠）	无色针状结晶。易潮解。易溶于水 熔点：52.54℃ 相对密度：1.79	在潮湿空气中迅速分解成氢氧化钠和硫化钠，并放热，易自燃 　　对眼、皮肤、黏膜和上呼吸道有强烈刺激作用。吸入后，可引起化学性肺炎或肺水肿。眼直接接触可引起不可逆的损害，甚至失明

续表

物质名称	理化特性	危险特性
六氟丙烯（全氟丙烯；制冷剂 R-1216）	无色无味的气体。与水反应 气体相对密度：5.18	若遇高热，容器内压增大，有开裂或爆炸的危险 吸入后可引起头昏、无力和睡眠不佳
六氟化硫	无色无味的气体。微溶于水 气体相对密度：5.11	若遇高热，容器内压增大，有开裂或爆炸的危险 纯品基本无毒。产品中如混杂低氟化硫、氟化氢，特别是十氟化硫时，则毒性增强
氯化苄（苄基氯；一氯化苄；α-氯甲苯）	无色至黄色液体，有不愉快的刺激性气味。不溶于水 沸点：175~179℃ 相对密度：1.10 闪点：67℃ 爆炸极限：1.1% ~14%	遇明火、高热可燃。受高热分解产生有毒的腐蚀性烟气。与铜、铝、镁、锌和锡等接触放出热量及氯化氢气体 高浓度蒸气可出现呼吸道炎症，甚至发生肺水肿。蒸气对眼有刺激性，液体溅入眼内引起结膜和角膜蛋白变性。皮肤接触可引起红斑、大疱，或发生湿疹
氯酸钡	无色晶体或白色粉末。易溶于水 熔点：414℃（无水物） 相对密度：3.18	强氧化剂。与还原剂、有机物、易燃物如硫、磷或金属粉末等混合可形成爆炸性混合物。与硫酸接触容易发生爆炸。急剧加热时可发生爆炸 对眼、呼吸道和皮肤有刺激性。口服可引起消化道症状、脉缓、紫绀、呼吸困难、流涎、惊厥、昏迷、进行性肌麻痹、心律紊乱等

物质名称	理化特性	危险特性
氯乙烷 （乙基氯）	无色气体，有类似醚样的气味。微溶于水 气体相对密度：2.22 爆炸极限：3.6%～14.8%	极易燃，与空气混合能形成爆炸性混合物，遇热源和明火有燃烧爆炸的危险。与氧化剂接触猛烈反应。气体比空气重，沿地面扩散并易积存于低洼处，遇火源会着火回燃 有刺激和麻醉作用。高浓度损害心、肝、肾。接触液态本品，可引起皮肤灼伤或角膜损伤
钠 （金属钠）	银白色金属。轻软而有延展性。常温时是蜡状，低温时变脆。与水剧烈反应，生成氢气和氢氧化钠。一般储存在煤油中 熔点：97.82℃ 相对密度：0.9	反应活性很高，在氧、氯、氟、溴蒸气中会燃烧。遇水或潮气猛烈反应放出氢气，大量放热，引起燃烧或爆炸。金属钠暴露在空气或氧气中能自行燃烧并爆炸使熔融物飞溅。与卤素、磷、许多氧化物、氧化剂和酸类猛烈反应。燃烧时呈黄色火焰。100℃时开始蒸发，蒸气可侵蚀玻璃 空气中自燃，燃烧产生的烟（主要含氧化钠）对上呼吸道有极强的刺激作用。同潮湿皮肤或衣服接触可燃烧，造成烧伤
硼氢化锂 （氢硼化锂）	无色至灰色粉末。在干空气中稳定，在湿空气中分解。在pH值大于7时，能溶于水，且缓慢水解 熔点：268℃ 相对密度：0.67	遇明火、高热或与氧化剂接触，有引起燃烧爆炸的危险。遇潮湿空气和水发生反应放出易燃的氢气。与氯化氢反应生成氢气、乙硼烷等易燃气体，容易引起燃烧 对眼、上呼吸道和皮肤有强烈刺激性。吸入后，可引起喉及支气管的痉挛、炎症、水肿，化学性肺炎或肺水肿

续表

物质名称	理化特性	危险特性
氰氨化钙 (石灰氮)	纯品为白色粉末或颗粒，含有杂质的一般是灰黑色的粉末或小粒球。微溶于水 熔点：1340℃ 相对密度：2.29	遇水或潮气、酸类产生易燃气体和热量，有发生燃烧爆炸的危险。如含有杂质碳化钙或少量磷化钙时，则遇水易自燃 吸入本品粉尘引起急性中毒，表现为眼、软腭、咽喉黏膜和面部等局部皮肤发红，畏寒等。可致周围神经病，暂时性局灶性脊髓炎。对眼和皮肤有损害。长期吸入可致尘肺
三氟化硼 (氟化硼)	无色气体。溶于冷水，在热水中水解。易与乙醚形成稳定的络合物 气体相对密度：2.38	化学反应活性很高，遇水发生爆炸性分解。 与金属、有机物等发生激烈反应。暴露在空气中遇潮气时迅速水解放氟硼酸与硼酸，产生白色烟雾。腐蚀性很强，冷时也能腐蚀玻璃 急性中毒引起干咳、气急、胸闷、恶心、食欲减退、流涎。吸入量多时，有震颤及抽搐，可引起肺炎。可致皮肤灼伤
三氯甲烷 (氯仿)	无色透明液体。极易挥发，有特殊香甜味。微溶于水 沸点：61.3℃ 相对密度：1.48	与明火或灼热的物体接触时能产生剧毒的光气。在空气、水分和光的作用下，酸度增加，因而对金属有强烈的腐蚀性 主要作用于中枢神经系统，具有麻醉作用，对心、肝、肾有损害。液态可致皮炎、湿疹，甚至皮肤灼伤

物质名称	理化特性	危险特性
三氧化二砷[白砒；砒霜；亚砷(酸)酐]	白色粉末。极缓慢地溶于冷水中，生成亚砷酸 熔点：275～313℃ 相对密度：3.7～4.2	若遇高热，升华产生剧毒的气体 剧毒化学品。急性口服中毒出现恶心、呕吐、腹痛、腹泻、昏迷、抽搐。可因呼吸麻痹而死亡。可致周围神经、心肌和肝损害。大量吸入亦可引起急性中毒 可致肺癌、皮肤癌
石油醚(石油精)	无色透明液体，有特殊臭味，易挥发。不溶于水 沸点：30～130℃ 相对密度：0.6～0.7 闪点：<-20℃ 爆炸极限：1.1%～8.7%	其蒸气与空气可形成爆炸性混合物，遇明火、高热能引起燃烧爆炸。燃烧时产生大量烟雾。与氧化剂发生强烈反应。高速冲击、流动、激荡后可因产生静电火花放电引起燃烧爆炸。蒸气比空气重，沿地面扩散并易积存于低洼处，遇火源会着火回燃 接触高浓度蒸气，出现眼、上呼吸道刺激和麻醉症状。吸入蒸气，由于排挤肺内氧气，造成缺氧，引起死亡 慢性中毒可引起周围神经病
四氟乙烯(全氟乙烯)	无色无味的气体。不溶于水 气体相对密度：2.046 爆炸极限：1.9%～8.5%	与空气混合能形成爆炸性混合物。本品易聚合，只有经过稳定化处理才允许储运。气体比空气重，沿地面扩散并易积存于低洼处，遇火源会着火回燃 接触高浓度本品出现眼和呼吸道刺激、眩晕及胸闷等症状。用二氟一氯甲烷制造四氟乙烯过程中的裂解气、残液中成分有的属高毒类，可引起急性中毒，重者出现化学性肺炎、肺水肿及心肌损害

续表

物质名称	理化特性	危险特性
四氯化碳 (四氯甲烷)	无色透明液体，有特殊的芳香气味，极易挥发。微溶于水 沸点：76.8℃ 相对密度：1.594	本品不会燃烧，但遇明火或高温易产生剧毒的光气和氯化氢烟雾。在潮湿的空气中逐渐分解成光气和氯化氢 　高浓度蒸气对眼和呼吸道有刺激作用，可发生肺水肿。有麻醉作用，对肝、肾有严重损害。吸入极高浓度可发生猝死。可致周围神经炎、球后视神经炎。皮肤直接接触可致损害
羰基镍 (四羰基镍； 四碳酰镍)	无色挥发性液体，有煤烟气味。不溶于水 沸点：43℃ 相对密度：1.32 闪点：<-24℃ 爆炸极限：2.0%~34%	易燃，本品在空气中氧化，加热至60℃时发生爆炸；受热、接触酸或酸雾会放出有毒的烟雾 　对呼吸道有刺激作用，并有全身毒作用，致肺、肝、脑损害。如肺水肿抢救不及时，可引起死亡 　镍及其化合物有致癌性
无水肼 (无水联胺)	无色油状发烟液体，有吸湿性，有氨的臭味。与水混溶 沸点：113.5℃ 相对密度：1.01 闪点：38℃ 爆炸极限：4.7%~100%	易燃，强还原剂。其蒸气能与空气形成宽爆炸范围的爆炸性混合物，遇明火、高热极易燃烧爆炸。受热分解放出有毒的氧化氮烟气。燃烧时发出高热，可能发生爆炸。在空气中遇尘土、石棉、木材等疏松性物质能自燃。遇过氧化氢或硝酸等氧化剂，也能自燃。与各种金属氧化物接触能自行分解燃烧。具有强腐蚀性 　吸入高浓度蒸气迅速发生中枢神经系统症状，先兴奋，如躁动不安、强直性抽搐，很快进入抑制状态。液体可致眼及皮肤灼伤

物质名称	理化特性	危险特性
硝酸乙酯	无色液体，有香甜气味；微溶于水 沸点：88.7℃ 相对密度：1.11 闪点：10℃ 爆炸极限：4%~10%	遇明火、高热极易燃烧爆炸。与还原剂能发生强烈反应。受热分解放出有毒的氧化氮烟气 吸入本品后可引起头痛、呕吐和麻醉
溴化氢	无色气体，有辛辣刺激气味。易溶于水 气体相对密度：2.71	不燃。能与普通金属发生反应，放出氢气而与空气形成爆炸性混合物。纯品在空气中较稳定，但遇光及热易被氧化而游离出溴。遇溴氧能发生爆炸性反应。遇水时有强腐蚀性 吸入后引起上呼吸道刺激症状，重者发生肺水肿和喉痉挛。液态溴化氢可引起皮肤、黏膜的刺激或灼伤
乙酸丁酯 （醋酸正丁酯）	无色透明液体，有水果香味。微溶于水 沸点：126.1℃ 相对密度：0.88 闪点：22℃ 爆炸极限：1.2%~7.5%	易燃，其蒸气与空气可形成爆炸性混合物，遇明火、高热能引起燃烧爆炸。与氧化剂能发生强烈反应。蒸气比空气重，沿地面扩散并易积存于低洼处，遇火会着火回燃 对眼及上呼吸道有强烈的刺激作用，有麻醉作用。可引起结膜和角膜炎
乙酸乙酯 （醋酸乙酯）	无色透明液体，有芳香气味。易挥发。微溶于水 沸点：77.20℃ 相对密度：0.90 闪点：-4℃ 爆炸极限：2.2%~11.5%	易燃，其蒸气与空气可形成爆炸性混合物，遇明火、高热能引起燃烧爆炸。与氧化剂接触猛烈反应。蒸气比空气重，沿地面扩散并易积存于低洼处，遇火会着火回燃 对眼、鼻、咽喉有刺激作用。高浓度吸入可引进行性麻醉作用，急性肺水肿，肝、肾损害。持续大量吸入，可致呼吸麻痹

续表

物质名称	理化特性	危险特性
乙烷	无色无臭气体。微溶于水 气体相对密度：1.05 爆炸极限：3.0%～12.5%	极易燃，与空气混合能形成爆炸性混合物，遇热源和明火有燃烧爆炸的危险。与氟、氯等接触会发生剧烈的化学反应 高浓度时，有单纯性窒息和轻度麻醉作用。空气中浓度达40%以上时，可引起惊厥，甚至窒息死亡
异丁烯 （2-甲基丙烯）	无色气体。易聚合。不溶于水 沸点：-6.9℃ 相对密度：0.59（25℃） 气体相对密度：2.0 爆炸极限：1.8%～9.6%	极易燃，与空气混合能形成爆炸性混合物，遇热源和明火有燃烧爆炸的危险。受热可能发生剧烈的聚合反应。与氧化剂接触猛烈反应。气体比空气重，沿地面扩散并易积存于低洼处，遇火源会着火回燃 有刺激和麻醉作用。急性中毒出现黏膜刺激症状、嗜睡、血压稍升高，有时脉速。高浓度吸入中毒可引起昏迷
氨基甲酸酯类农药。如：灭涕威、多久威、久异威、杀残威、害扑速灭、灭杀威除、灭混威、混杀硫贰克威、杀兹威多等	纯品多为白色结晶，有微弱的气味，熔点较高，蒸气压低。大多数易溶于有机溶剂，难溶于水。储存稳定性好，在水中可缓慢分解，提高温度和碱性时分解加快	对胆碱酯酶活性有抑制作用。急性中毒主要出现胆碱酯酶抑制症状：可引起恶心、呕吐，视力模糊、出汗、脉快、血压升高、口鼻、呼吸道分泌物增多、四肢无力、瞳孔缩小、肌肉震颤、抽搐、肺水肿、呼吸衰竭等。血胆碱酯酶活性下降

物质名称	理化特性	危险特性
拟除虫菊酯类农药。如：氯菊酯、甲氰菊酯、溴氰菊酯、氯氰菊酯、氰戊菊酯等	多数品种难溶于水，易溶于有机溶剂。遇碱易分解	可经呼吸道、胃肠道和皮肤吸收。急性中毒出现面部异常感、头痛、头晕、乏力、恶心、食欲不振、精神萎靡或肌束震颤。重度可出现阵发性抽搐，意识模糊或昏迷，肺水肿。口服者可发生糜烂性胃炎。对眼有刺激性。少数患者皮肤出现红色丘疹和大疱

附录 2　化学事故应急处置的基本原则

化学品具有易燃易爆、有毒有害、有腐蚀性等特点，一旦管理和操作失误易酿成事故，造成人员伤亡、环境污染、经济损失，并可能影响社会稳定和可持续发展。

化学事故一般包括火灾、爆炸、泄漏、中毒、窒息、灼伤等类型。一旦发生化学事故，迅速控制泄漏源，采取正确有效的防火防爆、现场环境处理、抢险人员个体防护措施，对于遏制事故发展，减少事故损失，防止次生事故发生，具有十分重要的作用。

一、化学事故应急处置的基本程序

（一）报警

当发生突发性化学事故时，应立即向 119 报警。报警时应讲清发生事故的单位、地址、事故引发物质、事故简要情况、人员伤亡情况等。

（二）隔离事故现场，建立警戒区

事故发生后，应根据化学品泄漏的扩散情况或火焰辐射热所涉及的范围建立警戒区，并在通往事故现场的主要干道上实行交通管制。

一般易燃气体、蒸气泄漏是以下风向气体浓度达到该气体或蒸气爆炸下限浓度 25%处作为扩散区域的边界；有毒气体、蒸气是以能达到"立即危及生命或健康的浓度（IDLH）"处作为泄漏发生后最初 30min 内的急性中毒区的边界，或通过气体监测仪监测气体浓度变化来决定扩散区域。

在实际应急过程中，一般在扩散区域的基础上再加上一定的缓冲区，作为警戒区。

(三) 人员疏散

疏散包括撤离和就地保护两种。

撤离是指把所有可能受到威胁的人员从危险区域转移到安全区域。一般是从侧上风向撤离，撤离工作必须有组织、有秩序地进行。

就地保护是指人进入建筑物或其他设施内，直至危险过去。当撤离比就地保护更危险或撤离无法进行时，可采取就地保护。指挥建筑物内的人，关闭所有门窗，并关闭所有通风、加热、冷却系统。

(四) 现场控制

针对不同事故，开展现场控制工作。应急人员应根据事故特点和事故引发物质的不同，采取不同的防护措施。

事故发生后，有关人员要立即准备相关技术资料，咨询有关专家或向化学事故应急咨询机构咨询(如国家化学事故应急咨询专线 0532—83889090)，了解事故引发物质的危险特性和正确的应急处置措施，为现场决策提供依据。

二、化学事故应急处置的基本原则

(一) 火灾爆炸事故处置的一般原则

1. 进入火灾现场的注意事项

(1) 现场应急人员应正确佩戴和使用个人安全防护用品、用具；

(2) 消防人员必须在上风向或侧风向操作，选择地点必须方便撤退；

(3) 通过浓烟、火焰地带或向前推进时，应用水枪跟进掩护；

(4) 加强火场的通信联络，同时必须监视风向和风力；

(5) 铺设水带时要考虑如果发生爆炸和事故扩大时的防护或撤退；

(6) 要组织好水源，保证火场不间断地供水；

(7) 禁止无关人员进入。

2. 个体防护

(1) 进入火场人员必须穿防火隔热服、佩戴防毒面具；

(2) 现场抢救人员或关闭火场附近气源闸阀的人员，必须用移动式消防水枪保护；

(3) 如有必要身上还应绑上耐火救生绳，以防万一。

3. 火灾扑救的一般原则

(1) 首先尽可能切断通往多处火灾部位的物料源，控制泄漏源；

(2) 主火场由消防队集中力量主攻，控制火源；

(3) 喷水冷却容器，可能的话将容器从火场移至空旷处；

(4) 处在火场中的容器突然发出异常声音或发生异常现象，必须马上撤离；

(5) 发生气体火灾，在不能切断泄漏源的情况下，不能熄灭泄漏处的火焰。

4. 不同化学品的火灾控制

化学品种类不同，灭火和处置方法各异。针对不同类别化学品要采取不同控制措施，以正确处理事故，减少事故损失。

(二) 泄漏事故处置的一般原则

泄漏控制包括泄漏源控制和泄漏物控制。

1. 泄漏源控制

泄漏源控制是应急处理的关键。只有成功地控制泄漏源，才能有效地控制泄漏。企业内部发生泄漏事故，可根据生产情况及事故情况分别采取停车、局部打循环、改走副线、降压堵漏等措施控制泄漏源。如果泄漏发生在储存容器上或运输途中，可根据事故情况及影响范围采取转料、套装、堵漏等措施控制泄漏源。

进入事故现场实施泄漏源控制的应急人员必须穿戴适当的个体防护用品，配备本安型的通信设备，不能单兵作战，要有监护人。

2. 泄漏物控制

泄漏物控制应与泄漏源控制同时进行。对于气体泄漏

物，可以采取喷雾状水、释放惰性气体等措施，降低泄漏物的浓度或燃爆危害。喷雾状水的同时，筑堤收容产生的大量废水，防止污染水体。对于液体泄漏物，可以采取适当的收容措施如筑堤、挖坑等阻止其流动，若液体易挥发，可以使用适当的泡沫覆盖，减少泄漏物的挥发，若泄漏物可燃，还可以消除其燃烧、爆炸隐患。最后需将限制住的液体清除，彻底消除污染。与液体和气体相比较，固体泄漏物的控制要容易得多，只要根据物质的特性采取适当方法收集起来即可。

进入事故现场实施泄漏物控制的应急人员必须穿戴适当的个体防护用品，配备本安型的通信设备，不能单兵作战，要有监护人。

当发生水体泄漏时，可用以下方法处理：

（1）比水轻并且不溶于水的，可采用围栏吸附收容；

（2）溶于水的，一般用化学方法处置。

（三）中毒窒息与灼伤

1. 现场救治

（1）将染毒者迅速撤离现场，转移到上风向或侧上风向空气无污染地区；

（2）有条件时应立即进行呼吸道及全身防护，防止继续吸入染毒；

（3）对呼吸、心跳停止者，应立即进行人工呼吸和心脏按压，采取心肺复苏措施，并给予吸氧；

（4）立即脱去被污染者的服饰，皮肤污染者，用流动的清水或肥皂水彻底冲洗；眼睛污染者，提起眼睑，用大量流动的清水或生理盐水彻底冲洗。

2. 医院救治

经上述现场救治后，严重者送医院观察治疗。

附录3　化学事故应急救援单位联系方式

1. 各地火警电话：119

2. 各地报警电话：110

3. 各地医疗急救电话：120

4. 国家安全生产监督管理总局化学品登记中心

国家化学事故应急咨询电话：0532-83889090（24 小时）

5. 国家中毒控制中心

24 小时热线电话：010-83132345，010-63131122

6. 国家中毒控制中心河南分中心（河南省职业病防治研究所）

热线电话：0371-66959721，0371-66967348

7. 国家中毒控制中心广东分中心（广东省职业病防治院）

24 小时热线电话：020—84198181

8. 国家中毒控制中心沈阳网络医院（沈阳市第九人民医院）

24 小时热线服务电话：024-25718880，024-25718881

9. 国家中毒控制中心徐州网络医院（徐州第三人民医院）

热线电话：0516-83575037（日），0516-83770936（24 小时）

10. 上海市中毒控制中心

咨询电话：021-62951860，021-62758710-1720

参 考 文 献

1 李立明. 最新实用危险化学品应急救援指南——公共卫生突发事件系列丛书. 北京：中国协和医科大学出版社，2003.

2 孙万付主编. 危险化学品安全技术全书(第三版). 北京：化学工业出版社，2017.

3 孙万付主编. 危险化学品安全技术大典(Ⅰ-Ⅴ卷). 北京：中国石化出版社，2010~2018.

4 何凤生. 中华职业医学. 北京：人民卫生出版社，1999.

5 任引津. 实用急性中毒全书. 北京：人民卫生出版社，2003.

6 夏元洵主编. 化学物质毒性全书. 上海：上海科学技术文献出版社，1991.

7 危险化学品目录(2015 版). 国家安全生产监督管理总局等十部委公告，2015 年第 5 号.

8 危险化学品目录(2015 版)实施指南(试行). 安监总厅管三〔2015〕80 号.

9 化学品分类和标签规范 GB 30000. 2~29. 中国国家标准化管理委员会，2013.

10 危险货物品名表 GB 12268，中国国家标准化管理委员会，2012.

11 工作场所有害因素职业接触限值 化学有害因素 GBZ 2. 1. 中华人民共和国卫生部，2007.

12 International Chemical Safety Cards. IPCS.

13 HSDB Database. National Library of medicine，2017.

14 2016 Emergency Response Guidebook.